산나무 - 여름 · 가을
쉽게 찾는 우리 나무 2

초판 1쇄 발행 | 2000년 4월 5일
초판 14쇄 발행 | 2014년 4월 20일

지은이 | 이유미 · 서민환
펴낸이 | 조미현

인쇄 | 영프린팅
제책 | 쌍용제책사

펴낸곳 | (주)현암사
등록 | 1951년 12월 24일 · 제10-126호
주소 | 121-839 서울시 마포구 동교로12안길 35
전화 | 365-5051 · 팩스 | 313-2729
전자우편 | editor@hyeonamsa.com
홈페이지 | www.hyeonamsa.com

글 ⓒ 이유미 · 서민환 2000
사진 ⓒ (주)현암사 2000

•잘못된 책은 바꾸어 드립니다.
•지은이와 협의하여 인지를 생략합니다.

ISBN 978-89-323-1039-8 04480
ISBN 978-89-323-1037-4 (세트)

쉽게 찾는 우리 나무 ❷
산나무 | 여름·가을 |

이유미·서민환 지음

현암사

● 책머리에

나무는 정말 놀라운 존재입니다. 생각만 해도 가슴이 벅차 오를 만큼 웅장하고 신비로우며, 가까이 다가서면 더없이 정답고 푸근합니다. 자세히 들여다보면, 솜털 하나, 잎맥 하나하나가 살아 움직여 그 섬세함에 감탄하곤 합니다.

하지만 많은 사람이 이 좋은 나무를 가까이하고 싶어도 나무를 잘 알지 못하여 어렵게 느끼곤 합니다. 작은 종자에서 30m에 이르는 거목이 되기까지, 그리고 작은 겨울눈이 터서 잎이 나고 꽃이 피고, 열매를 맺고 낙엽이 지기까지 수없이 모습을 바꾸니 어찌 보면 어려운 것이 당연한 일이겠지요. 그래서 우리는 나무에 더 큰 매력을 느끼는지도 모르겠습니다.

사실 우리가 잘 알고 있다고 생각하는 진달래나 벚나무도 꽃이 져 버리면, 특징을 알 수 없는 비슷비슷한 '나무'로 느끼게되고, 우리 민족이 가장 아낀다는 소나무를 잣나무와 구별해 내기도 쉬운 일은 아닙니다. 그 밖에도 제대로 알지 않으면 구별하기 어려운 나무는 많지요.

『쉽게 찾는 우리 나무』는 바로 이러한 어려움을 어떻게 하면 조금이라도 덜 수 있을까, 누구나 쉽게 나무를 알고 가까이할 수 있게 하는 방법은 무엇일까, 많이 궁리하며 만들었습니다.

이 책에는 멀리서 본 나무의 모습, 나무를 구별하는 특징이 되는 잎과 꽃, 열매 그리고 이 모든 것이 다 떨어져 버리는 겨울에도 의연히 서 있는 겨울 나무를 구별할 수 있게 하는 수피(樹皮) 등 나무의 생태에 대한 자세한 내용, 구별하기 어려운 나무와의 차이점 등을 실어 누구나 나무에 대해 제대로 알 수 있게 엮었습니다. 산이나 공원에 갈 때 주머니나 손가방에 부담 없이 넣어 가지고 다니면 큰 도움이 되리라 생각합니다.

이제 나무를 찾아 숲으로 떠날 때에는 『숲으로 가는 길』을 보며 방향을 정하고, 숲에서는 이 『쉽게 찾는 우리 나무』를 펼쳐 보며 궁금한 나무를 찾아내고, 집으로 돌아가 책꽂이에 꽂힌 『우리가 정말 알아야 할 우리 나무 백가지』를 펼쳐 그 나무의 속 깊은 이야기를 읽으며 사색에 잠긴다면 나무와 완전한 교류를 하는 셈이 아닐까 생각하니 필자들 스스로 참 즐거움을 느낍니다. 저희만의 꿈같은 생각을 한 것인가요?

많은 나무의 다양한 모습을 담으려니 지면이 많이 필요했습니다. 독자들이 손쉽게 지니고 다닐 수 있도록, 산에서 볼 수 있는 나무를 '산나무'로, 도시에서 흔히 볼 수 있는 나무를 '도시나무'로 나누어 묶었고, 책에 나무를 어떤 순서로 배열할까 고민하다, 대부분의 사람이 꽃을 보며 나무를 알아보는 경우가 많다는 결론을 얻어 꽃 색깔별로 나누어 전부 4권에 실었습니다. 부디 많은 사람에게 친구처럼 정다운 책이 되었으면 좋겠습니다.

책을 내기로 한 후, 바쁜 일을 핑계로 오랫동안 미룬 저희를 기다려 주신 현암사 조근태 사장님과 형난옥 주간님께 감사드립니다. 책을 만들기까지 여러 날을 함께 고생한 김현림 부장님, 황종환·김세라 씨를 비롯한 편집부 식구들은 산고를 함께한 가족 같아 감사한 마음을 표하기도 새삼스러울 지경입니다. 우리가 나무를 찾아 숲을 헤매는 동안 변함없이 따뜻하게 지켜봐 주신 어머니와 밝게 자라나는 딸 한나에게도 고마운 마음을 전합니다. 끝으로 이원규 선생님의 좋은 사진으로 책이 아름다워졌음을 밝혀 둡니다.

2000년 3월 봄을 맞으며
서민환·이유미

❷권 산나무 | 여름·가을 | 차례

책머리에 2
나무를 쉽게 보는 방법 9
일러두기 18

녹색

사람주나무 22
예덕나무 25
광대싸리 28
천선과나무 30
참빗살나무 32
노박덩굴 35
말오줌때 38
헛개나무 40
갈매나무 42
머루 44
음나무 46
고욤나무 49
말오줌나무 53

흰색

으아리 56
사위질빵 58
댕댕이덩굴 60

함박꽃나무 62
오미자 64
쉬땅나무 66
참조팝나무 68
국수나무 70
당마가목 72
다릅나무 76
쉬나무 78
미역줄나무 80
개다래 84
다래 87
노각나무 90
박쥐나무 92
산딸나무 94
만병초 96
쪽동백나무 99
때죽나무 101
개회나무 103
누리장나무 108
계요등 110
왕쥐똥나무 113
백당나무 116

붉은색

좀깨잎나무 120
산수국 124

종덩굴 127
꼬리조팝나무 130
멍석딸기 132
해당화 134
붉은인가목 138
조록싸리 140
싸리 142
칡 146
땅비싸리 148
오갈피나무 150
산앵도나무 152
작살나무 154

부게꽃나무 194
딩딘풍 197
나도밤나무 200
맹개나무 202
개머루 204
피나무 206

용어 해설 212
찾아보기 215
학명 찾아보기 224

노란색

굴피나무 160
밤나무 162
구실잣밤나무 166
매발톱나무 168
후박나무 171
참식나무 174
까마귀쪽나무 176
산초나무 180
초피나무 184
황벽나무 186
붉나무 189
개옻나무 191

❶권 산나무 | 봄 | 차례

● 꽃을 보기 어려운 나무
비자나무 22
젓나무 24
구상나무 27
가문비나무 32
일본잎갈나무 34
잣나무 36
소나무 38
리기다소나무 42
곰솔 44
측백나무 46
노간주나무 50
조릿대 53
이대 55

● 녹색
가래나무 58
사스래나무 60
박달나무 62
물박달나무 64
느릅나무 66
팽나무 69
산뽕나무 71
회잎나무 74
참회나무 76
물푸레나무 78
딱총나무 80

● 흰색
큰꽃으아리 84
말발도리 86
매화말발도리 88
고광나무 90
산조팝나무 92
산딸기 94
찔레꽃 96
귀룽나무 98
산이스라지 100
산사나무 102
야광나무 104
산돌배 106
콩배나무 108
팥배나무 110
아까시나무 112
고추나무 114
두릅나무 116
층층나무 118
노린재나무 120
쇠물푸레 122
덜꿩나무 124
댕강나무 126

● 붉은색
으름 130
줄딸기 132
개살구 134
올벚나무 136
산벚나무 139
아그배나무 140
진달래 142
참꽃나무 146
철쭉꽃 148
올괴불나무 150

● 노란색
청미래덩굴 154
왕버들 156
호랑버들 158
갯버들 160
거제수나무 162
오리나무 164
물오리나무 166
사방오리 168
까치박달 170
서어나무 172
소사나무 174
개암나무 176
참개암나무 178
너도밤나무 180
굴참나무 182
갈참나무 184
신갈나무 188
떡갈나무 190
상수리나무 193
졸참나무 195
가시나무 197
붉가시나무 200
종가시나무 202
겨우살이 204
등칡 206
생강나무 208
비목나무 210
까마귀밥나무 212
신나무 214
산겨릅나무 216
고로쇠나무 218
복자기 221
산개나리 224
병꽃나무 226
인동덩굴 228

❸권 도시나무 | 봄 | 차례

● 꽃을 보기 어려운 나무
은행나무 22
주목 24
개비자나무 28
독일가문비 31
스트로브잣나무 34
백송 37
반송 39
낙우송 42
메타세쿼이어 44
삼나무 46
편백 48
화백 50
향나무 52

● 녹색
이태리포플러 56
호두나무 58
버드나무 60
뽕나무 64
두충 66
화살나무 68
은단풍 70

● 흰색
목련 74
백목련 76
붓순나무 78
녹나무 80
가침박달 82
조팝나무 84
병아리꽃나무 86
자두나무 88
왕벚나무 90

옥매 94
앵도나무 97
홍가시나무 99
다정큼나무 102
사과나무 104
배나무 106
채진목 108
윤노리나무 110
매실나무 112
탱자나무 114
호랑가시나무 116
감탕나무 118
사스레피나무 120
백서향 122
이팝나무 124
미선나무 126
괴불나무 128

● 붉은색
은백양 130
미루나무 134
은수원사시 136
닥나무 138
계수나무 140
양버즘나무 142
살구나무 144
복사나무 146
벚나무 150
모과나무 153
명자꽃 155
꽃아그배나무 157
복분자딸기 160
박태기나무 162
등 164

꽃아까시나무 166
멀구슬나무 168
단풍나무 170
동백나무 174
식나무 178
산철쭉 180
수수꽃다리 183

● 노란색
능수버들 186
용버들 188
자작나무 190
느티나무 192
당매자나무 196
히어리 198
풍년화 200
황매화 202
개느삼 204
골담초 206
회양목 208
네군도단풍 210
중국단풍 212
삼지닥나무 214
뜰보리수 216
산수유 218
영춘화 220
개나리 222

❹권 도시나무 | 여름·가을 | 차례

● 꽃을 보기 어려운 나무
소철 22
개잎갈나무 26
섬잣나무 28
오죽 30
왕대 32
무화과나무 34

● 흰색
남천 38
일본목련 40
돈나무 42
나무수국 44
꽃개오동 46
비파나무 48
피라칸다 50
마가목 52
회화나무 54
조각자나무 56
유자나무 59
귤 61
가죽나무 66
참죽나무 68
꽝꽝나무 70
낙상홍 72
사철나무 74
줄사철나무 78
칠엽수 80
담팔수 82
구주피나무 84
장구밥나무 86
후피향나무 88
차나무 90
황칠나무 94
팔손이 96
흰말채나무 98
노랑말채 100
백량금 102
자금우 104
쥐똥나무 106
개오동 110
치자나무 112
아왜나무 116
불두화 118

● 붉은색
목단 122
수국 124
장미 128
자귀나무 132
족제비싸리 134
굴거리 136
안개나무 138
무궁화 140
부용 146
위성류 148
배롱나무 150
석류 154
서양산딸나무 156
협죽도 159
좀작살나무 161
순비기나무 164
층꽃나무 168
섬백리향 170
구기자나무 172
오동 174
능소화 176
꽃댕강나무 178
붉은병꽃나무 180

● 노란색
튤립나무 184
실거리나무 186
옻나무 188
모감주나무 191
대추 194
포도 196
담쟁이덩굴 198
염주나무 200
벽오동 202
보리수나무 204
송악 206
감나무 210
금목서 214
마삭줄 216

나무를 쉽게 보는 방법

● 잎의 종류와 부분별이름

단엽(참조팝나무)

삼출엽(칡)　　**장상 복엽**(오갈피나무)　　**우상 복엽**(아까시나무)

● 잎의 배열

어긋나기(올벚나무)　　**마주나기**(개회나무)

● 잎의 모양

바늘잎(소나무)　　　선형(젓나무)　　　피침형(꼬리조팝나무)

달걀형(물박달나무)　　　**긴 타원형**(만병초)　　　**원형**(박태기)

삼각형(송악)　　　**심장형**(피나무)　　　**마름모형**(산조팝나무)

타원형(참빗살나무)　　　**위가 넓은 달걀형**(함박꽃나무)　　　**위가 넓은 피침형**(갯버들)

꽃

● 꽃의 구성

꽃차례(화서)의 종류

원추 화서(미역줄나무)

수상 화서(좀깨잎나무)

유이(꼬리) 화서(박달나무)

복산형 화서(백당나무)

산형 화서(팔손이)

총상 화서(아까시나무)

취산 화서(박쥐나무)

열매

● 열매의 종류

장과(포도)

협과(아까시나무)

시과(당단풍)

핵과(매실)

삭과(무궁화)

구과(일본잎갈나무)

견과(신갈나무)

골돌(함박꽃나무)

낭과(고추나무)

수과(으아리)

이과(배나무)

취합과(멍석딸기)

장미과(장미)

나무

● 싸리의 한살이

1 씨앗이

2 뿌리를 내리고

5 꽃봉오리가 생겨나고

3 뿌리와 함께 떡잎이 나오고

4 자라기 시작하여

6 꽃이 핀다. 곤충의 힘을 빌려 꽃가루받이가 이루어지면

7 씨앗이 익어 사방에 퍼진다.

일러두기

1. 『쉽게 찾는 우리 나무』는 '산' 과 '도시' 에서 볼 수 있는 나무로 나누어, '산나무 편' 에는 산에서 저절로 자라는 나무를 중심으로, '도시나무 편' 에는 도시의 공원이나 정원은 물론 인가 주변에 심어 가꾸는 나무를 중심으로 실었다. 또한 꽃이 피는 계절에 따라 각각 '봄' 과 '여름·가을' 편으로 나누어 전4권에 대표적인 나무 총 600여 종을 다루었다.
2. 6월에 꽃이 피는 나무는 '여름·가을 편' 에 수록하였다.
3. 식물 이름은 '대한식물도감' 을 기준으로 하여 실었다.

수피 / 나무껍질. 겨울에 나무를 제대로 식별하는 특징이 된다.

이명 / 지방에 따라 쓰이는 향명이나 이명

잎 / 잎의 모양

식물 이름 / 대표적인 우리 이름

학명 / 세계가 함께 쓰이는 라틴명, 속명, 종소명 및 명명자로 구성됨.

과명 / 식물이 포함된 과명

꽃 색깔 / 나무를 꽃 색깔로 찾아볼 수 있다.

개화 시기 / 평균적으로 개화하는 시기를 색깔로 표시함. 숫자는 월

수형 / 기본적인 수형을 다 자란 후의 형태별로 알기 쉽게 16가지로 도식화함. 초록색인 것은 상록수, 두 가지 색으로 표현된 것은 낙엽수

예 | 상록수 | 낙엽수

식물의 특징 / 식물의 주요 특징으로 분포, 성상, 높이, 줄기, 잎, 꽃, 열매의 특징, 번식 방법, 중요한 용도 등을 알려줌.

꽃을 보기 어려운 나무

소나무 (솔, 적송, 육송)

Pinus densiflora Siebold et Zuccarini

소나무과

분포 / 우리 나라 전역
특징 / 상록 교목, 높이 30m
줄기 / 붉은 수피
잎 / 침엽으로 2개씩 속생함. 길이는 6-12cm
열매 / 구과, 달걀 모양이며 길이는 3-5.5cm로 다음해 9월에 익음.
번식 / 종자
용도 / 관상수, 조림수, 약용, 식용

4. 각 권에서는 꽃의 색깔에 따라 유사한 색깔끼리 묶어 백색, 유백색 등은 '흰색', 녹황색·황갈색 등을 합하여 '노란색', 빨강·보라·분홍 등은 '붉은색', 녹색·황록색·백록색·연두색 등은 '녹색'으로 구분하였으며, 침엽수나 대나무처럼 꽃은 있지만 보기가 어려운 나무들은 따로 묶었다. 색깔 안에서는 나무가 원시적인 순서, 일반적인 도감 배열이다.

5. 가능한 한 쉬운 용어로 풀어썼으며 나무를 쉽게 찾아보고 이해할 수 있도록 기본적인 생김새나 기관을 해설하고 생활사를 수록하였다.

6. 찾아보기는 4권을 모두 합하여 작성하였다.

꽃 색깔

수꽃 / 암꽃

나무를 구별하는 데 특징이 되는 잎과 꽃, 열매 등 생생한 사진을 실음.

처진소나무

*금강소나무(for. *erecta*) : 수피가 더 붉고 수형이 곧음.
*처진소나무(for. *pendula*) : 가지가 밑으로 처지는 것
*반송(for. *multicaulis*) ☞ ❺권 도시나무-봄 39쪽 : 밑부분부터 줄기가 20~30개로 갈라져 관목처럼 자라는 것.
*백송(P. *bungeana*) ☞ ❻권 도시나무 37쪽 : 줄기에 흰빛이 돌고 잎이 3개씩 모여 나는 것이 다르다.
*리기다소나무 ☞ 42쪽 : 잎이 3개씩 모여 나며 줄기에도 잎이 돋는 것이 다르다.
*곰솔 ☞ 44쪽 : 수피가 검고 잎이 더 길고 뻣뻣한 것이 다르다.

유사한 나무 / 혼동하기 쉬운 나무를, 차이점과 특징을 중심으로 서술함.

유사한 나무 찾기 / 유사한 나무 가운데 다른 권에 포함된 나무는 '❸❹권 도시나무(또는 ❶❷권 산나무) ☞ ○○쪽'으로 표시했고, 같은 책의 다른 쪽에 실려 있으면 '☞○○쪽'으로 표시하여 쉽게 찾아볼 수 있게 함.

녹색

사람주나무
(신방나무, 쇠동백나무, 아구사리, 위종목)

Sapium japonicum Pax et Hoffmann

대극과

열매

분포 / 서해안 백령도, 동해안 속초
특징 / 낙엽 소교목. 높이 6m
잎 / 어긋나기. 타원형으로 길이는 7~15cm. 가장자리는 밋밋함. 잎맥 끝에 선점, 선형 탁엽이 있음.
꽃 / 일가화. 총상 화서는 10cm. 윗부분에 많은 수꽃이 달리고 아랫부분에 암꽃이 조금 달림.
열매 / 둥근 삭과. 과피는 3개
번식 / 종자
용도 / 정원수

* **오구나무**(*S. sebiferum*) : 남부 지방에 심는 중국산 나무로 잎이 작고 넓은 달걀형이며 잎 아랫부분이 편평하다.

녹색

위부터 꽃(수꽃, 암꽃) / 오래된 줄기

예덕나무
(비닥나무, 예닥나무, 쪠잎나무)

Mallotus japonicus Muell
대극과

꽃

분포 / 충남 이하 지방의 바닷가
특징 / 낙엽 관목 또는 소교목. 높이 10m
수피 / 회백색
잎 / 어긋나기. 달걀형으로 길이는 10~20cm.
가장자리가 밋밋하거나 3개로 약간 갈라짐. 표면에 붉은 털이 있음.
꽃 / 이가화. 원추 화서의 길이는 8~20cm. 털이 촘촘하다.
열매 / 삭과. 삼각상 구형으로 지름이 7mm. 황갈색 털이 있고 10월에 익음.
번식 / 종자
용도 / 정원수, 건축재, 약재(수피), 염료

열매

광대싸리
(구럭싸리, 맵쌀, 고리비아리, 공정싸리, 굴싸리)

Securinega suffruticosa Rehder
대극과

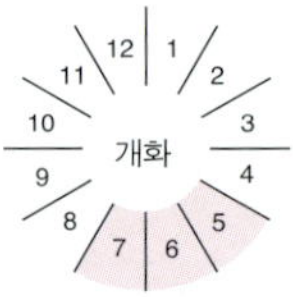

왼쪽 아래부터 열매 / 꽃

분포 / 전국 산야
특징 / 낙엽 관목. 높이 1~3m
줄기 / 가지가 많이 갈라져 처짐. 수피는 황갈색
잎 / 어긋나기. 타원형으로 길이는 2~6cm.
가장자리가 밋밋하며 소형 탁엽은 1mm
꽃 / 단성화이며 꽃잎이 없음. 꽃은 황록색
열매 / 삭과. 찌그러진 구형이며 지름은 3~4mm.
7~9월에 홍갈색으로 익음.
번식 / 종자
용도 / 식용(새순)

천선과나무(젖꼭지나무)

Ficus erecta Thunberg
뽕나무과

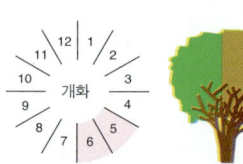

열매

분포 / 남쪽 섬에서 백양산까지 분포
특징 / 낙엽 관목. 높이 2~4m
수피 / 회백색
잎 / 어긋나기. 타원형이며 가장자리가 밋밋함. 길이는 10~20cm
꽃 / 암수딴그루
열매 / 은화과. 9~10월에 흑자색으로 익음.
번식 / 꺾꽂이
용도 / 식용, 관상용

줄기

녹색

참빗살나무(물뿌리나무)

Euonymus sieboldiana Blume
노박덩굴과

32

위부터 꽃 / 열매

분포 / 전국 산기슭 및 계곡
특징 / 낙엽 소교목. 높이 8m
잎 / 마주나기. 타원형으로 길이는 5~15cm.
가장자리에 불규칙한 잔 톱니가 있음.
꽃 / 취산 화서. 작은꽃자루는 2~2.5cm. 연한 녹색이며
꽃받침잎과 꽃잎이 각 4장
열매 / 삭과이며 4개의 능선이 있다.
길이는 8~10mm이며 날개가 없음. 10월에 붉게 익음.
번식 / 종자
용도 / 관상수, 기구재, 약용(가지)

녹색

참빗살나무 열매

* **좁은잎참빗살**(*E. maackii*) : 꽃이 황백색이고 열매에 톱니가 뚜렷하며, 잎이 조금 작다.

노박덩굴
(노가위나무, 노방덩굴, 노랑꽃나무)

Celastrus orbiculatus Thunb.
노박덩굴과

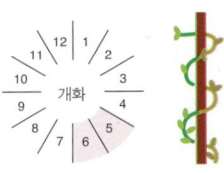

위부터 열매 / 꽃

분포 / 전국 산야
특징 / 낙엽 덩굴성 목본. 길이 10m
줄기 / 홍갈색이며 조각으로 갈라짐.
잎 / 어긋나기. 타원형으로 길이는 6~10cm이며 가장자리에
둔한 톱니가 있다.
꽃 / 이가화. 취산 화서. 황록색이며 꽃받침잎과 꽃잎이 각 5장
열매 / 삭과. 구형으로 6~9mm. 황색이며 10월에 익음.
3갈래로 갈라지면 붉은 종자옷이 나옴.
번식 / 종자, 꺾꽂이
용도 / 조경용, 섬유용, 꽃꽂이 소재

노박덩굴

* **털노박덩굴**(*C. stephanotifolius*) : 충북 이남에 자라며, 잎 뒷면, 가지, 화서에 털이 있다.
* **푼지나무**(*C. flagellaris*) : 잎이 2~5cm로 작고, 가지에 탁엽이 변한 가시가 있다.

말오줌때

Euscaphis japonica Kanitz
고추나무과

열매

분포 / 황해도 이남 해안 및 남쪽 섬
특징 / 낙엽 관목. 높이 3~6m
줄기 / 수피는 회갈색이며 자르면 냄새가 난다.
잎 / 마주나기. 기수 우상 복엽. 소엽은 5~11개이며
긴 타원형으로 길이는 4~8cm이며 가장자리에 잔 톱니가 있다.
꽃 / 원추 화서의 지름은 5~15cm. 꽃은 지름이 5mm이며 황록색.
꽃받침잎, 꽃잎이 각 5장
열매 / 골돌. 1.5~2cm로 8~9월에 붉게 익음. 종자는 검정색
번식 / 종자
용도 / 관상수

헛개나무
(지구자나무, 호리깨나무, 볼게나무)

Hovenia dulcis Thunbergii
갈매나무과

덜 여문 열매

분포 / 중부 이남
특징 / 낙엽 교목. 높이 10m
잎 / 어긋나기. 둥근 달걀형으로 잎 밑은 일그러진 심장 모양. 3개의 큰 맥이 발달함. 길이는 7~17cm이며 가장자리에 둔한 톱니가 있다.
꽃 / 취산 화서의 지름은 4~6cm. 황록색 꽃은 지름이 6~8mm. 꽃잎은 5장
열매 / 장과 모양의 핵과로 갈색이다. 지름은 8mm이며 8~10월에 검게 익음. 열매자루는 불규칙하게 부풀어오름.
번식 / 종자, 꺾꽂이
용도 / 식용(열매), 약용(열매), 기구재, 악기재

갈매나무

Rhamnus davurica Pallas
갈매나무과

열매

분포 / 전국 산야
특징 / 낙엽 소교목. 높이 5~10m
줄기 / 가지 끝에 가시가 있음.
잎 / 마주나기. 긴 타원형으로 길이는 5~10cm.
가장자리에 둔한 톱니가 있다.
꽃 / 이가화이며 꽃잎은 4장. 황록색
열매 / 핵과이며 둥글다. 지름은 5~7mm이며 9~10월에 검게 익음.
번식 / 종자
용도 / 약용(열매), 염료용, 생울타리용

* **털갈매나무**(*R. koraiensis*) : 한국 특산종. 잎이 어긋나고 양면에 털이 있다.
* **좀갈매나무**(*R. taquetii*) : 한국 특산종. 잎이 2.5cm 정도로 작다.

머루(멀구넝쿨, 머래순)

Vitis coignetiae Pulliat
포도과

분포 / 전국 산야
특징 / 낙엽성·덩굴성 목본. 길이 10m
줄기 / 수피는 암갈색. 골속은 갈색. 피목은 없음.
잎 / 어긋나기. 넓은 달걀형이며 길이는 10~25cm. 가장자리에 3~5개의 결각, 치아 모양의 톱니가 있다. 뒷면에 갈색 털도 있음.
꽃 / 암수딴그루. 원추 화서. 지름은 2mm이며 황록색
열매 / 장과. 구형으로 1cm쯤 되며 8~9월에 검게 익음.
번식 / 종자, 꺾꽂이, 휘묻이
용도 / 식용, 약용, 조경용

위부터 열매 / 꽃

* 왕머루(*V. amurensis*) : 잎 뒷면에 털이 거의 없는 것
* 새머루(*V. flexuosa*) : 잎이 거의 갈라지지 않고 맥 위에만 잔털이 있는 것
* 개머루(*Ampelopsis brevipedunculata* var. *heterophylla*) ☞204쪽 : 골속이 백색. 피목이 있으며 취산 화서에 꽃이 달리는 것

음나무
(개두릅나무, 엉구나무, 엄나무)

Kalopanax pictus (Thunb.) Nakai
두릅나무과

분포 / 전국
특징 / 낙엽 교목. 높이 10~25m
수피 / 암회색이며 가시가 많음.
잎 / 어긋나기. 원형이며 길이는 10~30cm. 가장자리에 7~9개의 결각이 있음.
꽃 / 산형 화서에 취산상으로 배열됨. 지름은 5mm. 황록색
열매 / 핵과. 구형이며 6mm. 10월에 흑자색 익음.
번식 / 종자, 꺾꽂이
용도 / 가구재, 약용, 식용, 관상수

음나무 꽃

* **가는잎음나무**(var. *maximowiczii*) : 잎이 깊게 갈라지며 뒷면에 백색 털이 조금 있는 것
* **털음나무**(var. *magnificus*) : 잎 뒷면에 털이 많은 것

고욤나무

Diospyros lotus Linneaus
감나무과

위부터 열매 / 꽃

분포 / 전국
특징 / 낙엽 교목. 높이 10m
수피 / 암회색
잎 / 어긋나기. 타원형이며 끝이 뽀족함. 길이는 6~12cm
꽃 / 암수딴그루, 꽃이 종형이며 연한 녹황색
열매 / 장과로 구형이며 지름은 1.5cm. 10월에 황갈색에서 검게 익음.
번식 / 종자
용도 / 식용, 약용

고욤나무

녹색

감나무

* **감나무**(*D. kaki*) ☞ 『❹권 도시나무-여름·가을』 210쪽 :
어린 가지에 털이 있고, 꽃에 대가 없고 열매가 큰 것

말오줌나무 (말오줌때)

Sambucus sieboldiana var. *pendula* (Nak.) T. Lee
인동과

분포 / 울릉도, 한산도, 비진도
특징 / 낙엽 관목
줄기 / 코르크가 발달해 있음.
잎 / 마주나기. 기수 우상 복엽이고 소엽은 2~3쌍이며 피침형으로 털이 없고 가장자리의 톱니가 안으로 굽음.
꽃 / 아래로 처지는 산방상 원추 화서, 황백색
열매 / 장과 모양의 핵과로 구형이며 3mm쯤 됨. 7월에 붉게 익음.
번식 / 종자, 꺾꽂이, 포기나누기
용도 / 관상용, 약용(가지), 식용(어린 잎)

위부터 말오줌나무 꽃 / 열매

흰색

으아리

Clematis mandshurica Ruprecht
미나리아재비과

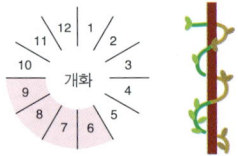

분포 / 남부 도서 지방을 제외한 전국
특징 / 낙엽·덩굴성 목본. 길이는 5m
잎 / 마주나기. 우상 복엽. 소엽은 5~7장이며 가장자리에 톱니가 없음.
꽃 / 지름은 2cm. 원추 또는 취산 화서. 꽃받침잎은 4장
열매 / 수과. 깃털같이 털이 있는 긴 암술대 달림.
번식 / 종자
용도 / 관상용, 식용

위부터 열매 / 꽃 / 외대으아리 꽃

* **외대으아리**(*C. brachyura*) : 꽃이 1개 또는 3개씩 달리며 열매에 꼬리가 없음.
* **참으아리**(*C. terniflora*) : 꽃이 여러 개 달리며 지름이 12mm 정도로 작은 편이고 잎 끝이 둔하며 해안가에 반상록성으로 자람.

사위질빵

Clematis apiifolia De Candolle
미나리아재비과

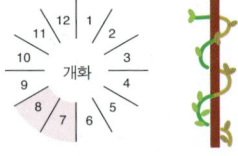

꽃

분포 / 전국
특징 / 낙엽·덩굴성 목본. 5m까지 자람.
줄기 / 세로 능선이 있다.
잎 / 마주나기. 1회 3출 복엽. 소엽은 좁은 달걀형.
길이는 4~7cm이며 가장자리에 큰 톱니가 있다.
꽃 / 취산 화서. 양성화로 지름은 1.3~2.5cm. 황백색이며
꽃잎은 4장으로 십자형임.
열매 / 수과로 좁은 달걀형. 백색 털이 있는 암술대에 달림. 9월에 익음.
번식 / 종자
용도 / 조경용, 식용

위부터 열매 / 덩굴

* **할미밀망**(*C. trichotoma* Nakai) : 잎겨드랑이에서 취산 화서가 나와 꽃이 3개씩 달림.

흰색

댕댕이덩굴

Cocculus trilobus (Thunb.) De Candolle
방기과

분포 / 전국
특징 / 낙엽 덩굴성 목본.
길이 10m까지 자람.
잎 / 어긋나기. 달걀형이며 가장자리에 톱니가 없음. 길이는 3~12cm이고 3~5개의 맥이 있다.
꽃 / 암수딴그루. 원추(취산) 화서로 황백색. 꽃잎은 6장
열매 / 핵과. 구형으로 지름이 5~8mm. 종자가 편평하며 지름은 4mm. 흑색으로 10월에 익음.
번식 / 종자, 꺾꽂이, 휘묻이
용도 / 세공용, 관상용
번식 / 종자, 포기나누기

위부터 꽃 / 열매

* 새모래덩굴(*Menispermum dauricum*) : 잎이 방패 모양의 다각형이며 가장자리가 얕게 3~9갈래로 갈라짐.
* 함박이(*Stephania japonica*) : 상록성이며 잎은 방패 모양의 넓은 달걀형

함박꽃나무 (함백이꽃, 산목련)

Magnolia sieboldii K. Koch
목련과

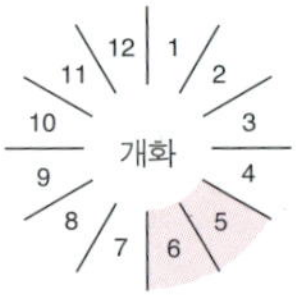

위부터 꽃 / 열매

분포 / 전국 산지
특징 / 낙엽 소교목. 높이 10m
잎 / 어긋나기. 위가 넓은 달걀형으로 길이는 8~13cm.
잎맥과 자루에 털이 있다.
꽃 / 지름은 7~10cm, 꽃잎은 6장. 꽃자루에 흰 털이 촘촘함.
열매 / 취합과(골돌)로 계란형이며 길이는 5~7cm. 8~9월에
붉은색으로 익음.
번식 / 종자
용도 / 관상수

오미자

Schizandra chinensis Baillon
오미자나무과

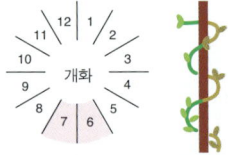

분포 / 전국
특징 / 낙엽 덩굴성 목본
줄기 / 어린 가지는 홍갈색, 오래된 가지는 회갈색. 조각편으로 떨어짐.
잎 / 어긋나기. 위가 넓은 달걀형으로 길이는 5~10cm. 가장자리에 드물게 톱니가 있음. 잎자루 뒷부분은 날개상
꽃 / 백색 또는 황백색이며 화피편은 6~9개. 지름은 1.5cm.
열매 / 장과이며 구형이다. 이삭 모양으로 달림. 붉은색으로 8~9월 익음.
번식 / 종자, 포기나누기, 꺾꽂이
용도 / 약용

위부터 열매 / 꽃

* 흑오미자(*S. nigra*, 검오미자) : 제주도에 분포하며 화피편이 9~10개이고 열매가 검게 익는다.
* 남오미자(*Kadsura japonica*) : 남쪽 섬에서 자라며 꽃과 열매가 두상으로 달리고 꽃잎과 꽃받침잎이 구분된다.

쉬땅나무
(개쉬땅나무, 운향나무, 물방치나무)

Sorbaria sorbifolia var. *stellipila* Max.
장미과

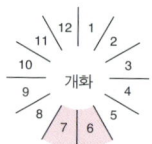

열매

분포 / 중부 이북
특징 / 낙엽 관목. 높이 2m
줄기 / 총생. 뿌리는 지하경처럼 벋음.
잎 / 어긋나기. 우상 복엽으로 소엽은 13~23개로 피침형이며 길이는 6~10cm
꽃 / 원추 화서의 길이는 10~20cm. 꽃의 지름은 5~6mm
열매 / 골돌. 타원형으로 길이는 6mm. 털이 많이 남. 9월에 익음.
번식 / 종자
용도 / 관상수

꽃

* **청쉬땅나무**(for. *incerta*) : 꽃이 필 때 뒷면에 털이 없는 것

참조팝나무

Spiraea fritschiana Schneider
장미과

꽃

분포 / 중부 이북
특징 / 낙엽 관목. 높이 1.5m
줄기 / 능각이 지며 자갈색
잎 / 어긋나기. 달걀형으로 길이는 3~7cm. 가장자리 중앙 위쪽에
불규칙한 이중 톱니가 있음. 털은 없음.
꽃 / 복산방 화서로 지름은 10cm. 화관의 지름은 7~9mm.
중앙부가 연한 홍색이며 꽃받침잎이 뒤로 젖혀짐.
열매 / 골돌. 꽃받침이 남아 있고 7~9월에 익음.
번식 / 종자, 포기나누기
용도 / 조경용

* **좀조팝나무**(*S. microgyna*) : 화서는 크지만 꽃이 분홍색이고 작다.
* **덤불조팝나무**(*S. miyabei*) : 어린가지가 황색이며 잎 뒷면 맥 위에 털이 있다.
* **일본조팝나무**(*S. japonica*) : 산형 화서에 달리며 꽃이 진한 분홍색

국수나무

Stephanandra incisa Zabel
장미과

분포 / 전국 산야
특징 / 낙엽 관목. 높이 1~2m
줄기 / 가지가 휘어짐. 어린가지는
둥글고 잔털이 있다.
잎 / 어긋나기. 달걀형이며
길이는 3~5cm. 가장자리에 톱니,
뒷면 맥 위에 털이 있다.
꽃 / 원추 화서의 길이는
2~6cm, 꽃의 지름은 4~5mm.
꽃받침잎에 톱니가 있다.
열매 / 구형이며 지름은 2~3mm.
잔털이 있고 8~9월에 익음.
번식 / 포기나누기, 종자, 꺾꽂이
용도 / 조경용, 관상수

위부터 열매 / 꽃

* 나비국수나무(var. *quadrifissa*) : 잎이 거의 비슷하게 5개로 갈라져
나비 모양이 된다.

당마가목

Sorbus amurensis Koehne
장미과

위부터 열매 / 꽃

분포 / 중부 이북
특징 / 낙엽 소교목. 높이 6~8m
줄기 / 어린 줄기에 흰 털이 있음.
잎 / 어긋나기. 우상 복엽. 소엽이 3~15개이며 피침형으로
길이는 2.5~8cm. 가장자리 상반부에 뾰족한 톱니가 있다.
꽃 / 복산방 화서의 지름은 8~12cm, 꽃의 지름은 1cm
열매 / 이과. 구형이며 지름은 5~8mm. 붉은색이며 9월에 익음.
번식 / 종자
용도 / 관상수, 약용, 식용

흰색

꽃이 핀 마가목

열매가 맺힌 마가목

* **마가목**(*S. commixta*) ☞ 『❹권 도시나무-여름·가을』 52쪽 : 소엽의 수가 9~10개
* **차빛당마가목**(*S. amurensis* var. *rufa*) : 잎 뒷면, 어린가지, 꽃자루와 꽃받침에 털이 있는 것

다릅나무
(다름나무, 쇠코뚜레나무, 개박달나무, 소터래나무)

Maackia amurensis Ruprecht
  et Maximowicz
콩과

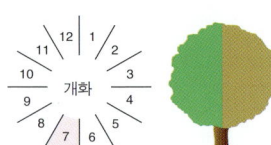

위부터 꽃 / 열매

분포 / 전국
특징 / 낙엽 교목. 높이 15~20m
잎 / 어긋나기. 기수 우상 복엽. 소엽은 7~11개이며
타원형으로 길이는 5~8cm
꽃 / 총상(원추) 화서의 길이는 10~20cm, 지름은 8mm
열매 / 협과(꼬투리). 넓은 선형으로 길이는 3.5~5cm. 9월에 익음.
번식 / 종자
용도 / 가구재, 밀원 식물, 염료용

쉬나무
(쇠동백, 다지나무, 소동나무)

Evodia daniellii Hemsley
운향과

열매

분포 / 전국
특징 / 낙엽 소교목. 높이 7~10m
줄기 / 암회색
잎 / 마주나기. 기수 우상 복엽. 소엽은 7~11개이며
달걀형으로 길이는 5~13cm. 가장자리에 선점과 잔 톱니가 있다.
꽃 / 취산상 원추 화서로 길이는 7~8cm, 지름은 4~5mm
열매 / 골돌. 둥근 달걀형이며 길이는 6~8mm.
선점과 털이 있으며 9~10월에 익음. 홍갈색
번식 / 종자
용도 / 약용, 제유용

* 오수유(*E. officinalis*) : 쉬나무에 비해 소엽이 7~15개로 많고
뒷면에 털이 있으며 열매 끝이 둥글다.

미역줄나무
(미역순나무, 노방구덤불)

Tripterygium regelii Sprague *et* Takeda
노박덩굴과

왼쪽 아래부터 열매 / 꽃

분포 / 황해도를 제외한 전국
특징 / 낙엽 덩굴성 목본 식물. 길이 2m 정도
줄기 / 적갈색이며 옴 같은 돌기가 촘촘함. 능선은 5줄
잎 / 어긋나기. 넓은 달걀형으로 길이는 5~15cm.
가장자리에 둔한 톱니가 있음.
꽃 / 원추 화서의 길이는 10~25cm, 지름은 5~6mm.
꽃받침잎, 꽃잎, 수술이 각 5개
열매 / 연한 녹색(붉은빛) 시과. 길이와 너비가 각 1.2~1.8cm인
날개 3개가 있다. 9~10월에 익음.
번식 / 종자
용도 / 사방용, 꽃꽂이 소재

미역줄나무

개다래

Actinidia polygama (S. et Z.) Maximowicz
다래나무과

위부터 열매 / 잎

분포 / 전국
특징 / 낙엽성 활엽수. 덩굴 식물로 길이는 10m
줄기 / 골속은 백색이며 속이 충실함.
잎 / 어긋나기. 넓은 계란형이며 길이는 7~14cm.
가장자리에 잔 톱니가 있음. 잎 상반부가 백색으로 변함.
꽃 / 취산 화서에 1~3개씩 달림. 지름은 2~2.5m
열매 / 장과. 원주형이며 황갈색. 길이는 2.5~3cm.
꽃받침잎은 오래 달려 있음. 9~10월에 익음.
번식 / 꺾꽂이, 종자
용도 / 식용, 약용, 관상용

흰색

위부터 개다래의 꽃 / 쥐다래

* **쥐다래**(*A. kolomikta*, **쇠젖다래**) : 잎에 연분홍색 무늬가 많고, 줄기는 자갈색이며, 열매가 가늘고 길다.
* **다래**(*Actinidia arguta*) ☞ 87쪽 : 줄기의 골속이 계단상인 점이 개다래와 다르다.

다래

Actinidia arguta (S. et Z.) Planchon
다래나무과

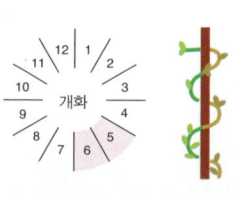

암꽃

분포 / 전국
특징 / 낙엽성 활엽수. 덩굴 식물. 길이 20m
줄기 / 골속은 백색이나 갈색 계단상
잎 / 어긋나기. 넓은 알 모양
꽃 / 암수딴그루. 취산 화서에 3~7개 달림. 꽃받침잎과 꽃잎이 각 5장
열매 / 장과. 계란상 원주형이며 길이는 2~3cm. 황록색이며 9~10월에 익음.
번식 / 포기나누기, 꺾꽂이
용도 / 식용, 약용, 조경용

다래의 꽃

다래의 열매

* **양다래**(*A. chinensis*, Yanggao, Yangtao) : 과실을 키위라고도 하며, 음료의 재료로 이용한다. 최근에 남부 지방에서 많이 재배함.

노각나무

Stewartia koreana Nakai
차나무과

위부터 열매 / 꽃

분포 / 경북, 충북 이남
특징 / 우리 나라 특산. 낙엽 교목. 높이 7~15m
수피 / 갈색, 홍황색 얼룩 무늬가 있음.
잎 / 어긋나기. 타원형으로 길이는 4~10cm.
가장자리에 파도 모양 톱니가 있음.
꽃 / 양성화. 지름은 7.5cm
열매 / 삭과. 5각형. 10월에 익음.
번식 / 종자
용도 / 관상용, 가구재, 조각재

박쥐나무 (누른대나무)

Alangium platanifolium var. *macrophyllum* Wanger
박쥐나무과

위부터 꽃 / 열매

분포 / 전국
특징 / 낙엽 관목(소교목). 높이 4(~7)m
수피 / 진한 회색이며 벗겨짐.
잎 / 어긋나기. 사각상 원형이며
길이는 8~18cm. 밑부분은 심장형이며
윗부분은 얕게 3~5갈래로 갈라짐.
잎자루의 길이는 2~10cm이며 짧은 털이 있다.
꽃 / 양성화. 취산 화서. 황백색이며 꽃잎은 선형으로 뒤로 말림.
열매 / 핵과. 넓은 달걀형으로 길이는 6~8mm. 청자색이며 9월에 익음.
번식 / 종자
용도 / 관상수, 식용(새순)

산딸나무
(쇠박달나무, 박달나무, 들매나무)

Cornus kousa Buerg
층층나무과

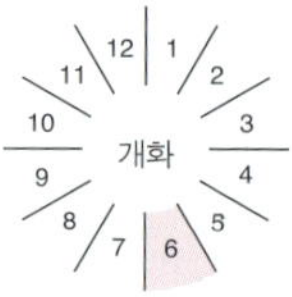

열매

분포 / 중부 이남
특징 / 낙엽 교목. 높이 7m
줄기 / 수평으로 층을 이룸.
잎 / 마주나기. 달걀형으로 길이는 5~12cm.
뒷면에 회녹색 털이 많음. 평행맥이 4~5쌍 있다.
꽃 / 두상 화서. 총포편 4장이 꽃잎 같으며 길이는 3~9cm
열매 / 취과이며 붉은색이다. 구형으로 지름은 1.5~2.5cm. 10월에 익음.
번식 / 종자
용도 / 관상수, 기구재, 식용

만병초

Rhododendron brachycarpum D. Don
진달래과

분포 / 지리산, 울릉도, 강원도 및 북부 고산 지대
특징 / 상록 관목. 높이 4m
줄기 / 어린가지는 갈색임.
잎 / 어긋나기. 5~7개씩 총생. 타원형이며 길이는 8~20cm. 가장자리는 뒤로 말림.
꽃 / 10~20개씩 모여 달림. 꽃은 통꽃이며 깔때기 모양이다. 백색이나 연한 황색이며 꽃받침잎은 5갈래로 갈라진다.
열매 / 삭과이며 길이는 2cm. 9월에 익음.
번식 / 종자, 꺾꽂이
용도 / 관상용, 약용

흰색

위부터 홍만병초 / 노랑만병초

* **홍만병초**(var. *roseum*) : 울릉도에 자라며 꽃은 연한 홍색이다.
* **노랑만병초**(*R. aureum*) : 설악산 및 북부 지방에 자라며 키가 좀더 작고 꽃은 연한 황색이다.

쪽동백나무
(물박달나무, 정나무, 개동백나무)

Styrax obassia Siebold et Zuccarinii
때죽나무과

열매

분포 / 전국
특징 / 낙엽 소교목. 높이 10m
수피 / 암갈색으로 밋밋함.
잎 / 어긋나기. 넓은 달걀형으로 길이는 7~20cm.
윗부분에만 잔 톱니가 있다.
꽃 / 총상 화서는 10~20cm. 꽃받침은 5~9갈래로 갈라짐.
지름은 2cm. 꽃은 4갈래로 갈라짐.
열매 / 핵과. 긴 구형이며 길이는 1.5cm. 9월에 익음.
번식 / 종자
용도 / 기구재, 관상수

흰색

쪽동백나무의 꽃

때죽나무(대쭉나무, 족나무)

Styrax japonica Siebold *et* Zuccarinii
때죽나무과

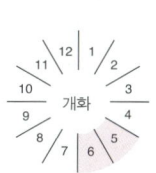

흰색

위부터 때죽나무의 열매 / 꽃

분포 / 전국
특징 / 낙엽 소교목. 높이 10m
수피 / 암갈색이며 벗겨짐.
잎 / 어긋나기. 달걀형이며 길이는 2~8cm
꽃 / 2~5개가 총상 화서에 달림. 작은꽃자루의 길이는 1~3cm, 지름은 1.5~3.5cm
열매 / 핵과. 계란형이며 길이는 1.2 ~ 1.4cm 정도. 9~10월에 익음.
번식 / 종자
용도 / 조경수, 세공재

개회나무 (시계나무, 개구름나무)

Syringa reticulata var. *mandshurica* Hara
물푸레나무과

분포 / 중부 이북
특징 / 낙엽 소교목(관목). 높이 4~6m
줄기 / 털은 없고 어린가지는 자줏빛이다.
잎 / 마주나기. 넓은 달걀형으로 길이는 5~12cm.
잎자루의 길이는 1~2cm. 털은 없음.
꽃 / 원추 화서는 10~25cm, 지름은 5~6mm.
백색 통꽃으로 갈라진 부분이 더 길다.
열매 / 삭과. 긴 타원형이며 길이는 2~2.5cm. 9월에 익음.
번식 / 종자, 꺾꽂이, 접목
용도 / 관상수

개회나무

흰색

꽃개회나무 꽃

수수꽃다리

* 꽃개회나무(S. wolfi) : 통꽃의 붙은 부분이 더 길고 수술이 그 안에 있으며 자홍색 꽃이 새 가지 끝에 달린다.
* 수수꽃다리(S. dilatata) ☞ 『❸권 도시나무-봄』 183쪽 : 잎이 넓은 달걀형으로 밑부분이 심장 모양이고 열매에 피목이 없다. 꽃은 연한 자주색이고 꽃 모양은 꽃개회나무와 같다.
* 섬개회나무(S. velutina var. venosa) : 울릉도에 자라며 연한 자주색 꽃이 전년도 가지에 달리고 잎이 타원형이면서 잎의 뒷면에 털이 거의 없다.
* 털개회나무(S. velutina) : 다른 특징은 섬개회나무와 거의 비슷하나 잎의 뒷면, 잎자루, 어린 가지, 꽃받침 등에 털이 있는 점이 다르다.

누리장나무(개나무, 노나무, 구린내나무, 누른나무, 이라리나무, 누룬나무, 개똥나무)

Clerodendron trichotomum Thunberg
마편초과

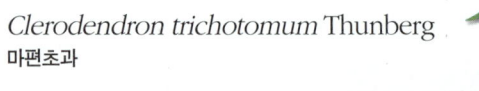

꽃

분포 / 황해도 이남
특징 / 낙엽 관목. 소교목. 높이 2~7m
줄기 / 회백색. 골속은 백색
잎 / 마주나기. 달걀형이며 길이는 5~16cm.
가장자리는 밋밋하거나 큰 톱니가 있다. 뒷면 맥 위에 털이 있다.
꽃 / 취산 화서의 지름은 24cm, 꽃의 지름은 3cm.
꽃은 백색이나 홍색으로 불규칙하게 5갈래로 갈라짐. 꽃받침은 홍색
열매 / 핵과. 구형이며 지름은 6~8mm.
꽃받침은 적색. 청색으로 10월에 익음.
번식 / 종자
용도 / 약용, 식용, 염료용

계요등 (개뇨등, 구렁이대덩굴)

Paederia scandens (Lour.) Merrill
꼭두서니과

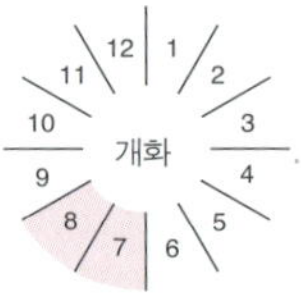

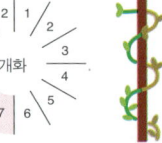

열매

분포 / 황해도 이남
특징 / 낙엽 덩굴성 목본. 길이 5m
줄기 / 윗부분은 겨울에 죽는다.
잎 / 마주나기. 달걀형으로 길이는 5~12cm. 가장자리가 밋밋하다.
꽃 / 원추 화서 및 취산 화서. 꽃받침은 5갈래. 꽃의 길이는 1.5cm,
지름은 4~6mm. 백색 꽃에 자주색 반점이 있음. 꽃은 5갈래임.
열매 / 삭과. 구형이며 황갈색. 지름은 5~6mm. 9~10월 익음.
번식 / 종자, 꺾꽂이
용도 / 관상수, 약용

흰색

계요등의 꽃

왕쥐똥나무

Ligustrum ovalifolium Hasskarl
물푸레나무과

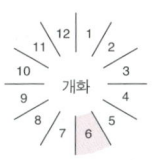

흰색

위부터 꽃 / 열매

분포 / 제주도 및 남부 해안, 섬 지방
특징 / 반상록성 관목. 높이 5m
수피 / 회색이며 털은 없음.
잎 / 마주나기. 두껍고 질김. 위가 넓은 달걀 모양이며
길이는 6~10cm. 가장자리가 밋밋함.
꽃 / 원추상 총상 화서로 길이는 5~10cm. 꽃받침이 술잔 모양이며
톱니에 털이 있음. 꽃은 종 모양이며 반쯤 갈라져 끝이 뒤로 젖혀짐.
열매 / 장과 모양의 핵과로 구형이며 길이는 5~8mm. 검은색
번식 / 종자, 꺾꽂이
용도 / 관상수, 밀원 식물

쥐똥나무

* **광나무**(*L. japonicum*) : 완전한 상록성이며 암술대가 통꽃 밖으로 나오고 열매가 흑자색이다.
* **섬쥐똥나무**(*L. foliosum*) : 낙엽성으로 화서가 원추상이고 포엽이 있으며 길이는 5~20cm 정도로 크다.
* **쥐똥나무**(*L. obtusifolium*) ☞ 『❹권 도시나무-여름·가을』 106쪽 : 낙엽성이며 총상 화서는 2~3cm이고 포엽이 없고, 잎의 길이가 2~7cm인 것

백당나무

Viburnum sargentii Koehne
인동과

위부터 백당나무의 열매 / 꽃

분포 / 전국 산지
특징 / 낙엽 관목. 높이 3m
줄기 / 어린가지에 잔털이 있음.
잎 / 마주나기. 원형이며 길이는 5~10cm. 끝이 3갈래이며 탁엽이 있음.
꽃 / 복산형 화서. 가장자리에 지름 1cm의 무성화가 배열됨.
중앙부에 지름 5~6mm의 유성화가 배열됨.
열매 / 핵과. 붉은색이며 원형으로 지름은 8~10mm. 9월에 익음.
번식 / 종자, 꺾꽂이, 포기나누기
용도 / 관상용

흰색

불두화

*불두화 (for. sterile) ☞『❹권 도시나무-여름·가을』118쪽 : 모든 꽃이 무성화이다.

붉은색

좀깨잎나무

Boehmeria spicata Thunberg
쐐기풀과

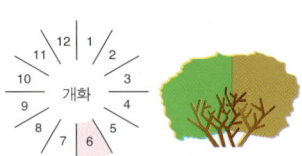

꽃

분포 / 일부 북부 지방을 제외한 전국 산지 계곡
특징 / 낙엽 관목. 높이 1m
잎 / 마주나기. 마름모꼴로 길이는 4~8cm. 끝이 꼬리처럼 길어짐.
꽃 / 수상 화서
열매 / 수과이며 긴 달걀형. 10~11월에 익음.
번식 / 꺾꽂이, 종자
용도 / 섬유자원, 식용

열매

좀깨잎나무

산수국

Hydrangea serrata for. *acuminata* Wilson
수국과

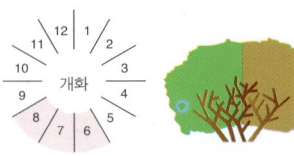

위부터 꽃 / 열매

분포 / 경기도와 강원도 이남에서 자람.
특징 / 낙엽 관목. 높이가 1m에 이름.
줄기 / 어린가지에 잔털이 있음.
잎 / 마주나기. 타원형이며 길이는 5~15cm. 가장자리에 예리한 톱니가 있고 맥 위에 털이 있다.
꽃 / 가지 끝에서 큰 산방 화서를 형성함. 가장자리의 무성화는 지름이 2~3cm로, 3~5개의 푸른빛이 도는 엷은 홍색의 꽃잎 같은 꽃받침잎으로 되어 있음.
열매 / 삭과
번식 / 종자
용도 / 관상수

붉은색

수국

* **탐라산수국**(for. *fertilis*) : 가장자리에 있는 꽃이 양성화임.
* **수국**(*H. macrophylla* for. *otaksa* Wilson) ☞ 『❹권 도시나무-여름·가을』 124쪽 : 원예 품종으로 모든 꽃이 중성화임.

종덩굴

Clematis fusca var. *violacea* Max.
미나리아재비과

꽃

분포 / 중부 이북
특징 / 낙엽 덩굴성
줄기 / 끝잎이 변한 덩굴손
잎 / 마주나기. 소엽은 5~7개. 가장자리에 톱니가 없거나
2~3개의 얕은 결각이 있다.
꽃 / 줄기 끝에 1개씩 달려 아래로 처짐. 꽃은 진한 자주색 종 모양
열매 / 수과. 암술대에 깃털 모양의 갈색 털이 있음. 3cm
번식 / 종자
용도 / 관상용

붉은색

종덩굴의 열매

위부터 검종덩굴 / 세잎종덩굴

* **검종덩굴**(*C. fusca*) : 소엽이 5~9개이며 종덩굴과 달리 꽃이 검고 꽃잎 표면에 털이 있다.
* **요강나물**(*C. fusca* var. *coreana*) : 직립성이며, 소엽 3개 또는 단엽이 3갈래이다. 꽃은 검고 표면에 털이 있다.
* **세잎종덩굴**(*C. koreana*) : 2회 3출 복엽. 소엽은 3출맥이고 양면에 털이 있음. 꽃은 자주색. 5월 개화
* **누른종덩굴**(*C. chiisanensis*) : 꽃이 노란색으로 긴 꽃자루에 1개씩 달림.
* **자주조희풀**(*C. heracleifolia* var. *davidiana*) : 직립성의 반관목으로 8~9월에 보라색 꽃이 위를 향해 피며, 소엽에 잔 톱니가 있다.

꼬리조팝나무 (늙은조록싸리)

Spiraea salicifolia Linneaus
장미과

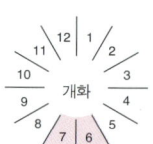  

분포 / 중부 이북의 냇가나 습지
특징 / 낙엽 관목. 높이 1~1.5m
줄기 / 능선이 있음.
잎 / 어긋나기. 피침형으로 길이는 4~8cm, 너비는 1.5~2cm.
가장자리에 잔 톱니, 뒷면 잔털이 있다.
꽃 / 원추 화서의 길이 6~13cm. 꽃잎은 5장이며 연한 홍색
열매 / 골돌. 봉합선을 따라 털이 있음. 8~9월에 익음.
번식 / 종자, 꺾꽂이
용도 / 정원수, 생울타리용, 식용

위부터 꽃 / 열매

멍석딸기
(번둥딸기, 멍두딸기, 멍딸기)

Rubus parvifolius Linneaus
장미과

위부터 꽃 / 열매

분포 / 전국
특징 / 낙엽 관목. 높이 2m
줄기 / 곧게 벋거나 옆으로 벋음. 짧은 가시와 털이 있음.
잎 / 어긋나기.
3출(간혹 5출) 복엽, 소엽은 달걀 모양의 원형이며 가운데 소엽은 흔히 3갈래이며 길이는 2~5cm. 뒷면에 백색 털이 많이 남.
꽃 / 산방 또는 원추 화서. 꽃자루에 가시와 털이 있음. 진한 분홍 꽃
열매 / 취합과. 구형이며 지름은 1~2cm. 홍색으로 7~8월에 익음.
번식 / 꺾꽂이
용도 / 식용

* **곰딸기**(*R. phoenicolasius*) : 붉은가시딸기라고도 하며 식물 전체에 가시 같은 붉은 털이 많음.

해당화

Rosa rugosa Thunberg
장미과

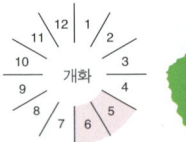

꽃

분포 / 전국, 해안가 모래땅, 산기슭
특징 / 낙엽 관목. 높이 1.5m
줄기 / 털 달린 가시가 있다.
잎 / 어긋나기. 기수 우상 복엽. 소엽은 7~9개이며 타원형,
길이는 2~5cm이며 가장자리에 잔 톱니가 있다.
꽃 / 지름 6~9cm의 진한 분홍(자홍색) 꽃
열매 / 장미과. 구형으로 지름은 2~2.5cm. 주홍색으로 8~9월에 익음.
번식 / 종자, 꺾꽂이, 포기나누기
용도 / 관상수, 공업용

* **만첩해당화(for. *plena*, 겹해당화, 매괴화)** : 꽃잎이 여러 겹이다.
* **노란해당화(*R. xanthina*)** : 꽃이 노란색이며 여러 겹이다.
* **붉은인가목** ☞138쪽 : 가시와 작은꽃자루에 털이 없고 잎에 주름이 없다.

해당화 군락

붉은인가목

Rosa marretii Leveille
장미과

분포 / 강원도 이북
특징 / 낙엽 관목. 높이 2m 내외
줄기 / 어린가지는 자갈색.
잎자루 기부에 쌍으로 된 가시가 있음.
잎 / 어긋나기. 우상 복엽. 소엽은
5~9개로 긴 타원형이며 길이는 2~3cm.
가장자리에 잔 톱니가 있고
탁엽은 막질이다.
꽃 / 지름 2~3cm. 연한 홍색
열매 / 장미과. 넓은 달걀형으로
지름은 12mm. 홍색으로 10월에 익음.
번식 / 종자, 포기나누기, 꺾꽂이
용도 / 조경수

위부터 꽃 / 열매

* **흰인가목**(R. koreana) : 백색 꽃이 피며, 잎자루와 줄기에 가시 같은 털이 많이 남.
* **둥근인가목**(R. spinosissima var. pimpinellifolia) : 꽃이 백색이고 열매는
흑갈색으로 익는다.
* **생열귀나무**(R. davurica) : 가시는 잎의 기부에만 있고, 꽃은 연한 흑색이며
뒷면에 선점이 있다.
* **민둥인가목**(R. acicularis) : 엽축에도 가시 같은 털이 있다. 꽃은 연한 흑색 또는
백색이고, 열매는 타원형이다.

붉은색

조록싸리

Lespedeza maximowiczii Schneider
콩과

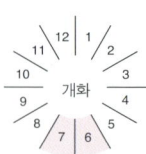

열매

분포 / 전국
특징 / 낙엽 관목. 높이 2~3m
줄기 / 어린가지가 둥글다.
잎 / 어긋나기. 3출엽으로 소엽은 마름모형이며 길이는 3~6cm. 뒷면과 잎자루에 털이 있다.
꽃 / 총상 화서의 길이는 3~8cm, 꽃의 접형 화관 길이는 8~12mm. 홍자색이며 포는 피침형
열매 / 협과(꼬투리). 넓은 피침형으로 길이는 10~15mm. 끝이 뾰족하고 9~10월에 익음.
번식 / 종자
용도 / 밀원 식물, 생울타리용

* **삼색싸리**(var. *tricolor*) : 접형 화관이며, 백색, 자주색, 홍색을 띤다.

싸리 (싸리나무)

Lespedeza bicolor Turczaninov
콩과

왼쪽 아래부터 꽃 / 열매

분포 / 전국
특징 / 낙엽 관목. 높이 3m
줄기 / 어린가지는 암갈색이며 능선이 있다.
잎 / 어긋나기. 3출엽. 소엽은 넓은 달걀형이며 길이는 2~5cm. 뒷면에 털이 있음.
꽃 / 총상 화서의 길이는 4~8cm, 작은꽃자루 길이는 1~3mm. 털이 있음. 꽃받침통은 얕게 4갈래로 갈라짐. 자주색.
열매 / 협과(꼬투리). 넓은 타원형이며 끝이 부리처럼 길다. 길이는 7~8mm이며 10월에 익음.
번식 / 종자, 꺾꽂이
용도 / 밀원 식물, 관상수, 사방용

* **흰싸리**(for. *alba*) : 백색 꽃이 피는 것.
* **참싸리**(*L. cyrtobotrya*) : 화서가 잎보다 짧은 것이 싸리와 다르다.

싸리

칡

Pueraria thunbergiana Bentham
콩과

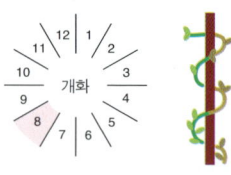

분포 / 전국
특징 / 낙엽 덩굴성 목본
줄기 / 황색의 억센 털
잎 / 어긋나기. 3출엽.
마름모형 소엽의 길이와
너비는 각각 10~15cm.
가장자리가 밋밋하거나
얕게 3열을 이룸.
양면에 털이 있음.
꽃 / 총상 화서는 길이가
10~25cm로 바로 섬.
꽃 길이는 18~25mm.
자홍색이며 향기가
있음. 포는 선형이며
긴 털이 있다.
열매 / 협과(꼬투리).
넓은 선형으로 길이는
5~10cm. 억센 황색
털이 있으며, 9~10월에
익음.
번식 / 포기나누기,
꺾꽂이, 종자
용도 / 식용, 약용,
사방 녹화용

왼쪽 아래 열매 / 꽃

땅비싸리 (논싸리, 젓밤나무)

Indigofera kirilowii Maximovicz
콩과

위부터 열매 / 꽃

분포 / 전국(함경북도 제외)
특징 / 낙엽 소관목. 높이 1m
잎 / 어긋나기. 기수 우상 복엽. 소엽은 7~11개이며 타원형이다.
끝이 약간 들어가고 길이는 1~4cm. 양면에 털이 있음.
꽃 / 총상 화서의 길이는 12cm, 꽃의 길이는 1.5cm. 연한 홍색
열매 / 협과(꼬투리). 원주형으로 길이는 3~5.5cm. 10월에 익음.
번식 / 종자, 꺾꽂이, 포기나누기
용도 / 관상수, 사방용

오갈피나무 (오가피나무)

Acanthopanax sessiliflorus (Rupr. *et* Max.) Seemen
두릅나무과

분포 / 전국
특징 / 낙엽 관목 또는 소교목. 높이 2~5m
줄기 / 흑회색이며 가시가 드물게 있거나 없음.
잎 / 어긋나기. 장상 복엽. 소엽은 3~5개로, 위가 넓은 달걀형으로 끝이 뾰족하며 길이는 6~15cm. 가장자리에 잔 이중 톱니가 있다.
꽃 / 취산상 산형 화서. 꽃자루의 길이는 0.5~3cm. 꽃잎은 달걀형, 짙은 보라색으로 길이는 1.5~2mm
열매 / 장과. 타원형이며 길이는 1cm. 암술대가 오래 남아 있음. 검은색으로 9~10월에 익음.
번식 / 종자, 꺾꽂이
용도 / 약용, 밀원 식물, 관상수

왼쪽 아래부터 열매 / 꽃

* **가시오갈피**(*A. senticosus*) : 어린가지에도 가시가 있으며 길고 가는 가시가 전체에 촘촘히 난다.
* **섬오갈피**(*A. koreanum*) : 제주도에 자라는 한국 특산 식물. 어린가지에 검은색 가시가 드물게 있다.

산앵도나무(쨍나무)

Vaccinium koreanum Nakai
진달래과

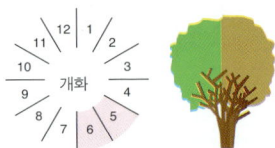

꽃

위부터 꽃 / 열매

분포 / 전국
특징 / 낙엽 관목. 높이 1m
잎 / 어긋나기. 달걀형이며 길이는 2~5cm이며 가장자리에
안으로 굽은 잔 톱니가 있다.
꽃 / 총상 화서로 전년도 가지에 달림. 종형으로 길이는 5~6mm.
붉은색(흰색과 섞이기도 함)
열매 / 장과. 달걀형으로 절구통처럼 보임. 꽃받침이 오래 남아 있음.
홍색으로 9월에 익음.
번식 / 종자, 꺾꽂이, 포기나누기
용도 / 식용, 꽃꽂이 및 분재 소재

작살나무 (송금나무)

Callicarpa japonica Thunberg
마편초과

열매

분포 / 전국
특징 / 낙엽 관목. 높이 2~3m
줄기 / 어린가지는 둥글고 털이 거의 없음.
잎 / 마주나기. 타원형이며 길이는 7~12cm.
가장자리에 잔 톱니가 있고 양면에 털은 없음.
꽃 / 취산 화서의 지름은 2~3cm, 꽃자루의 길이는 6~10mm.
꽃은 엷은 자주색. 길이 3mm
열매 / 장과상 핵과. 구형이며 지름은 3~5mm. 보라색으로 10월에 익음.
번식 / 종자
용도 / 관상수, 꽃꽂이용

좀작살나무

좀작살나무 열매

* **흰작살**(var. *leucocarpa*) : 열매가 백색인 것
* **왕작살**(var. *luxurians*) : 잎의 길이가 10~20cm 정도로 크고 가장자리에 톱니가 있으며 화서도 큰 것
* **좀작살나무**(*C. dichotoma*) ☞ 『❹권 도시나무 - 여름·가을』 161쪽 : 작살나무와 비교하여 어린가지가 네모지고, 잎 가장자리 윗부분에만 톱니가 있으며 열매의 지름이 좀 작다.

노란색

굴피나무 (굴태나무)

Platycarya strobilacea Siebold *et* Zuccarini
가래나무과

분포 / 경기도 이남
특징 / 낙엽 소교목. 높이 15~20m
수피 / 회색이며 얕게 갈라짐
잎 / 어긋나기. 기수 우상 복엽. 소엽은 7~19개이며
달걀상 피침형이고 길이는 4~10cm, 가장자리에는 톱니가 있다.
꽃 / 수꽃은 꼬리 화서이고 황갈색이며 위로 향함.
암꽃은 타원상으로 길이는 2~4cm쯤 되고 위로 향함.
열매 / 구과 모양의 견과. 타원형이며 길이는 2.5~4.5cm. 10월에 익음.
번식 / 종자
용도 / 관상수, 약용

왼쪽 아래부터 열매 / 수꽃

* **중국굴피나무**(*P. stenoptera*) : 엽축에 날개가 있으며, 열매 견과는 늘어진 꼬리 화서에 엉성하게 달린다.

밤나무

Castanea crenata Siebold *et* Zuccarini
참나무과

암꽃

수꽃화서

분포 / 함남·평남 이남
특징 / 낙엽 소교목, 높이 9m
줄기 / 수피는 세로로 갈라지고 어린가지는 적갈색
잎 / 어긋나기. 두 줄 배열이며 긴 타원형. 가장자리에 침 같은
톱니가 있음. 길이는 8~16cm. 측맥은 17~25쌍
꽃 / 암수한그루. 수꽃은 직립하는 꼬리 화서를 이루며
길이는 10~15cm. 암꽃은 3개씩 달림. 가시 같은 총포가 있음. 유백색
열매 / 2~4cm쯤 되는 견과. 좌가 넓음. 총포에 가시가 있으며,
다갈색으로 9~10월에 익음.
번식 / 종자, 접목
용도 / 식용, 약용, 조각재, 건축재

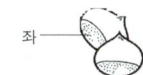

좌

* 약밤나무(*C. bungeana*, 평양밤나무) : 열매의 좌가 좁고 속껍질이 잘 벗겨짐.

밤나무와 열매

구실잣밤나무

Castanopsis cuspidata var. *sieboldii* Nakai
참나무과

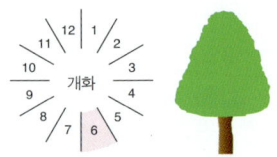

분포 / 남쪽 해안과 섬 지방
특징 / 상록 활엽 교목. 높이 15m
수피 / 흑회색이며 세로로 갈라짐.
잎 / 어긋나기. 긴타원형으로 길이는 7~12cm. 뒷면에 은갈색 털이 있고 가장자리에 얕은 파도 모양의 톱니가 있다.
꽃 / 암수한그루. 수꽃은 8~12cm의 꼬리 화서를 이루며 연한 황색. 암꽃 화서의 길이는 6~10cm.
열매 / 견과. 달걀형이며 길이는 1.5~2.0cm. 다음해 10월에 익음.
번식 / 종자
용도 / 식용(열매), 건축재, 기구재

왼쪽 아래부터 열매 / 수꽃(위)

* **모밀잣밤나무**(*C. cuspidata* var. *thunbergii*) : 열매가 더 둥글며 잎 가장자리가 밋밋하거나 위에 톱니가 약간 있다.

노란색

매발톱나무

Berberis amurensis Ruprecht
매자나무과

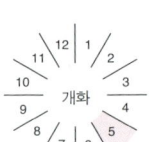

덜 여문 열매

분포 / 표고 100~1900m까지 자람. 전국의 산지
특징 / 낙엽 관목. 높이 2~3m
줄기 / 수피는 회색이며 표면이 세로로 갈라짐.
어린가지는 황회색이며 길이 1~3cm의 잎 같은 가시가 3개씩 나옴.
잎 / 어긋나기. 거꾸러진 달걀 모양의 타원형이며 길이는 3~8cm.
가장자리에는 잔 톱니가 많고, 잎자루의 길이는 5~15mm
꽃 / 황색. 꽃자루의 길이는 0.5~1.0cm. 꽃받침잎은 6장,
길이는 4~6mm, 꽃잎은 6장으로 긴 달걀형.
꽃은 밑으로 처지는, 길이 4~10cm의 총상 화서에 달림.
열매 / 장과로 타원형이고 길이는 6~7mm. 8~9월 홍색으로 익음.
번식 / 종자
용도 / 조경용, 약용, 염료용

노란색

위부터 당매자나무 / 매자나무

* **왕매발톱나무(var. *latifolia*)** : 잎이 원형 또는 달걀 모양의 원형, 울릉도와 강원도에 분포함.
* **섬매발톱나무(var. *quelpaertensis*, 섬매자나무)** : 잎이 도피침형이며 가시가 크게 셋으로 갈라지고 열매는 장타원형
* **매자나무(*B. koreana* Palibin)** : 잎의 가장자리가 불규칙하며 가시는 길이가 5~10mm이고 열매가 둥글다.
* **당매자나무(*B. poiretii* Schneider)** ☞ 『❸권 도시나무 - 봄』 196쪽 : 잎 가장자리에 톱니가 없다.

후박나무

Machilus thunbergii Siebold et Zuccarini
녹나무과

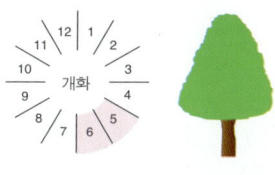

후박나무의 꽃

분포 / 남부 및 해안, 섬 지방
특징 / 상록 활엽 교목. 높이 20m
줄기 / 황갈색이며 어린 가지는 붉은 빛
잎 / 어긋나기. 두껍고 질김. 위가 넓은 긴 달걀형이고
길이는 5~13cm. 뒷면은 분녹색이고 측맥은 7~12쌍
꽃 / 원추 화서의 길이는 5~12cm. 황록색이며 화피는 6장.
작은꽃자루는 1cm
열매 / 장과. 구형이며 지름은 1~1.2cm.
열매자루는 붉은색이며 흑자색으로 9~10월에 익음.
번식 / 종자
용도 / 관상수, 방풍수, 약용

열매

참식나무

Neolitsea sericea Koidzumi
녹나무과

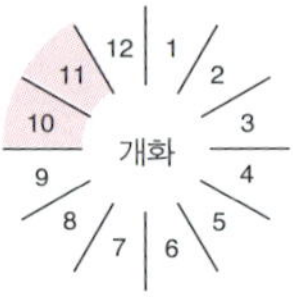

위부터 꽃 / 열매

분포 / 울릉도, 남쪽 해안 및 섬
특징 / 상록 활엽 교목. 높이 10m
줄기 / 회백색이고 어린가지는 녹색
잎 / 어긋나기. 두껍고 질긴 타원형. 길이는 7~20cm. 어린 잎에
황금색 털이 있다. 뒷면에 갈색 털이 있음. 3출맥이며 잎자루는 2~3cm
꽃 / 암수딴그루. 산형 화서인데 화서자루는 없음. 황백색
열매 / 장과. 구형이며 지름은 1.2cm. 홍색으로 다음해 10월에 익음.
번식 / 종자
용도 / 관상수, 건축재, 기구재, 향료(열매)

까마귀쪽나무 _(구룬비)

Litsea japonica Jussieu
녹나무과

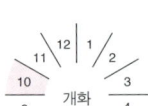

위부터 열매 / 꽃

분포 / 울릉도 및 남부 해안, 섬
특징 / 상록 활엽 소교목. 높이 7m
줄기 / 갈색이며 어린가지에황색 털이 있음.
잎 / 어긋나기. 긴타원형으로 길이는 7~18cm. 뒷면에 회갈색 털이 있다. 잎 가장자리가 뒤로 약간 말림. 잎자루는 1.5~4cm
꽃 / 암수딴그루. 복산형 화서이며 화서자루가 짧음. 화피는 황백색이며 6열
열매 / 장(핵)과는 타원형으로 길이는 1.5~1.8cm. 흑자색으로 다음해 10월에 익음.
번식 / 종자
용도 / 방풍수, 조경수

까마귀쪽나무

산초나무(전피, 제피)

Zanthoxylum schinifolium S. et Z.
운향과

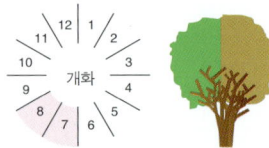

분포 / 전국(함경북도 제외)
특징 / 낙엽 관목. 높이 3m
줄기 / 어긋나게 달리는
가시가 있다.
잎 / 어긋나기. 기수 우상 복엽.
소엽은 11~21개. 긴 타원형으로
길이는 1.5~4cm. 가장자리에
둔한 톱니가 있다.
꽃 / 암수딴그루. 복산방 화서.
연한 황록색
열매 / 삭과이며 구형. 녹갈색으로
10월에 익음. 종자는 검정색.
번식 / 종자
용도 / 향신료(열매), 약용

위부터 열매 / 가시

노란색

꽃

개산초나무

* **초피나무** ☞184쪽 : 줄기의 가시가 마주나며 소엽은 9~10개이고 잎에 선점이 있다.
* **개산초**(*Z. planispinum*) : 남쪽에 자라는 상록성 나무이며 엽축에 날개가 있고 소엽은 3~7개이다.

초피나무 (전피, 제피)

Zanthoxylum piperitum
 Alphonse de Candolle
운향과

분포 / 중부 이남
특징 / 낙엽 관목. 높이 3m
줄기 / 밑으로 약간 굽은 길이 1cm의 가시가 마주 달림.
잎 / 어긋나기. 기수 우상 복엽이며 소엽은 9~10개로 타원형이고
길이는 1~3.5cm. 가장자리에 물결 모양의 톱니가 4~7개. 선점이 있음.
꽃 / 암수딴그루. 복총상화서. 연한 황록색, 5장
열매 / 삭과이며 구형임. 종자는 검정색이고 열매는 홍색으로 9월에 익음.
번식 / 종자
용도 / 식용(잎), 향신료(열매), 약용

왼쪽 아래부터 꽃 / 덜 여문 열매 / 열매

* **왕초피**(*Z. coreanum*) : 한국 특산 식물. 제주도에 자라며 꽃잎이 없고 소엽은 7~11개이다.

황벽나무 (황경피나무, 황경나무)

Phellodendron amurense Ruprecht
운향과

왼쪽 아래부터 열매 / 꽃봉오리

분포 / 전국
특징 / 낙엽 교목. 높이 10~15m
줄기 / 회갈색이며 갈라진다. 두꺼운 코르크층이 발달하고, 속껍질은 황적색
잎 / 어긋나기. 기수 우상 복엽. 소엽은 5~13개이며 달걀형인데 끝은 꼬리 모양으로 뾰족하다. 길이는 5~10cm이며 가장자리에 잔 톱니가 있다. 뒷면은 백색
꽃 / 암수딴그루. 원추 화서의 지름은 5~7cm, 꽃의 지름은 6mm. 화피는 5~8개. 황록색
열매 / 핵과로 구형이며 지름은 1cm. 흑색으로 8~10월에 익음.
번식 / 종자
용도 / 건축재, 코르크용, 염료용(속껍질), 약용(속껍질)

노란색

황벽나무

* **넓은잎황벽**(*P. sachalinense*) : 코르크층이 얇고 잎의 폭이 넓으며 털이 적음.
* **섬황벽**(*P. insulare*) : 소엽의 수가 3~5개임.

붉나무
(오배자나무, 굴나무, 뿔나무, 불나무)

Rhus chinensis Miller
옻나무과

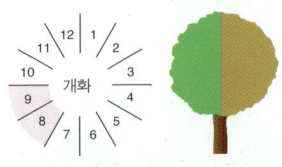

노란색

열매

분포 / 전국
특징 / 낙엽 소교목. 높이 2~10m
줄기 / 갈색이며 어린가지에 털이 있음.
잎 / 어긋나기. 기수 우상 복엽으로 길이는 40cm.
소엽은 7~13개로 달걀형이며 길이는 6~12cm. 뒷면에 갈색 털이
있고 가장자리에 톱니가 드문드문 있다. 엽축에 날개가 있음.
꽃 / 암수딴그루. 원추 화서의 길이는 15~30cm이며 털이 촘촘히 남.
수꽃 화서는 길고 암꽃 화서는 짧음. 황백색
열매 / 핵과로 구형이며 지름은 4~5mm. 갈색 털이 있고
주홍색으로 10월에 익음.
번식 / 종자, 꺾꽂이
용도 / 관상수, 약용(벌레집: 오배자), 염료용

개옻나무

Rhus trichocarpa Miq.
옻나무과

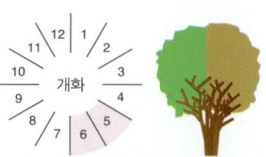

노란색

열매

분포 / 전국
특징 / 낙엽 소교목(흔히 관목상). 높이 7m
줄기 / 어린가지는 붉다.
잎 / 어긋나기. 기수 우상 복엽으로 길이는 25~45cm.
소엽은 13~17개로 달걀형이며 길이는 5~10cm.
가장자리가 밋밋하거나 2~3개 톱니가 있다. 양면에 털이 있다.
꽃 / 암수딴그루. 원추 화서이며 길이는 15~30cm. 털이 촘촘하며 황록색
열매 / 핵과. 구형으로 지름은 5~6mm. 황갈색 열매로 털이 촘촘함.
9~10월에 익음.
번식 / 종자, 꺾꽂이
용도 / 약용, 공업용

위부터 꽃 / 옻나무

* **옻나무**(*R. verniciflua*) ☞ 『❹권 도시나무-여름·가을』 188쪽 :
잎 가장자리에 톱니가 전혀 없고, 열매와 잎의 표면에 털이 없다.

노란색

부게꽃나무

Acer ukurunduense Trautvetter et Meyer
단풍나무과

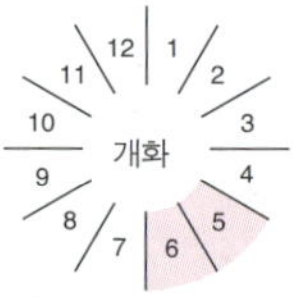

열매

분포 / 중부 이북
특징 / 낙엽 교목. 높이 8~14m
줄기 / 회갈색이며 어린가지에는 황적색 털이 있음.
잎 / 마주나기. 타원상 달걀형으로 길이는 10~12cm.
5갈래로 갈라져 있음. 가장자리에 톱니가 잎맥에는 털이 있다.
잎자루의 길이는 5~8cm이며 붉은빛을 띤다.
꽃 / 총상 원추 화서로 길이는 8~10cm.
20여 개의 꽃이 달리며 갈색 털이 있다. 꽃자루의 길이는 3cm.
연한 황색 꽃으로 꽃잎의 길이는 3mm
열매 / 시과. 길이는 1.5~2cm이며 황갈색이다.
날개는 직각을 이루며, 9~10월에 익음.
번식 / 종자
용도 / 관상수, 기구재, 건축재

부게꽃나무의 꽃

* **시닥나무**(*A. tschonoskii* var. *rubripes*) : 잎은 5(～3)개로 중간 정도에서 갈라지고, 꽃은 5～10개 정도가 총상 화서에 달린다.
* **청시닥나무**(*A. barbinerve*) : 잎은 3갈래로 갈라지나 양측맥은 다시 가늘게 2갈래로 갈라짐. 어린가지에 털이 있으며 시과는 둔각으로 벌어진다.
* **개시닥나무**(*A. barbinerve* var. *glabrescens*) : 청시닥나무와 달리 잎 뒷면에 털이 없거나 약간 있음.
* **산겨릅나무** ☞ 『❶권 산나무-봄』 216쪽 : 잎은 (3～)5갈래로 얕게 갈라지고 어린가지는 녹색이며 꽃은 총상 화서에 달린다.

당단풍

Acer pseudo - sieboldianum
  Komarov
단풍나무과

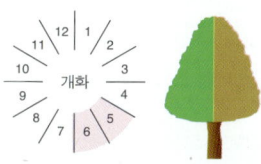

노란색

위부터 꽃 / 열매

분포 / 전국.
특징 / 낙엽 소교목. 높이 8m
줄기 / 어린가지는 녹색이며 털이 있음.
잎 / 마주나기. 원형으로 지름은 6~10cm. 9~11개로 갈라지고 뒷면에 털이 있음.
꽃 / 잡성 양성화. 산방 화서의 지름은 3~4cm이며 꽃은 10~20개가 달린다. 꽃잎은 황백색이며 길이는 4mm
열매 / 시과. 주홍색이며 길이는 2~2.5cm. 날개가 둔각으로 벌어지며, 9월에 익음.
번식 / 종자
용도 / 정원수, 가구재, 염료용

단풍나무

* **서울단풍**(var. *nudicarpum*) : 2개의 시과가 반월형인 것
* **좁은단풍**(var. *koreanum*) : 시과가 길이 1.5~2cm 정도로 작고 긴타원형, 평행으로 벌어진 것
* **단풍나무**(*A. palmatum*) ☞ 『❸권 도시나무-봄』 170쪽 : 잎이 7~9갈래

나도밤나무

Meliosma myriantha Seib. et Zucc.
나도밤나무과

꽃

분포 / 중부 이남, 주로 해안가
특징 / 낙엽 교목. 높이 10m
줄기 / 적갈색. 작은 피목이 퍼져 있음.
잎 / 어긋나기. 타원형으로 길이는 10~25cm.
가장자리가 예리하고 작은 톱니가 있다.
꽃 / 양성화. 원추 화서는 15~25cm쯤 됨.
열매 / 핵과이며 구형으로 지름은 7mm. 주홍색으로 9~10월에 익음.
번식 / 종자
용도 / 관상수, 기구재, 조각재

열매

노란색

망개나무

Berchemia berchemiaefolia Koidzumi
갈매나무과

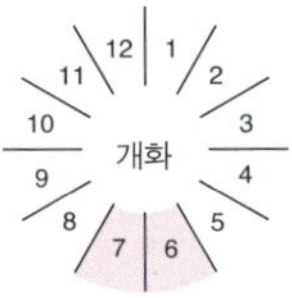

위부터 열매 / 꽃

분포 / 속리산, 주왕산, 주흘산 등
특징 / 낙엽 교목. 높이 15m
줄기 / 적갈색. 작은 피목이 퍼져 있음.
잎 / 어긋나기. 긴타원형으로 길이는 7~12cm.
가장자리가 밋밋하거나 뚜렷하지 않은 물결 모양의 톱니가 있다.
꽃 / 양성화. 총상 화서(취산 화서)로 꽃의 지름은 3~3.5mm.
꽃잎은 5장. 작은꽃자루는 길이 2~4mm. 녹황색
열매 / 핵과로 긴 타원형이며 길이는 7~8mm.
주홍색으로 9~10월에 익음.
번식 / 종자
용도 / 관상수, 기구재, 조각재

개머루

Ampelopsis brevipedunculata var. heterophylla Hara
포도과

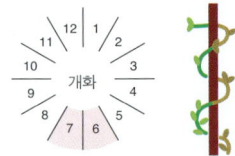

꽃

분포 / 전국
특징 / 낙엽 덩굴성 목본
줄기 / 적갈색이며 골속은 백색
잎 / 어긋나기. 심장상 달걀형으로 길이는 7~15cm.
가장자리에 3~5갈래의 둔한 톱니가 있다. 뒷면은 백색
꽃 / 양성화. 취산 화서로 지름은 3~8cm.
꽃잎은 달걀형이고 길이는 2.5mm. 녹황색
열매 / 장과. 원형 또는 편구형이며 지름은 8~10mm.
청자색으로 9월에 익음.
번식 / 종자, 꺾꽂이, 휘문이
용도 / 조경용

열매

* **가새잎머루(for. *citrulloides*)** : 잎이 5개로 깊게 갈라지는 것

피나무

Tilia amurensis Ruprecht
피나무과

꽃

분포 / 전국
특징 / 낙엽 교목. 높이 30m
줄기 / 회갈색이며 세로로 갈라짐.
잎 / 어긋나기. 심장형으로 길이는 3.5~8cm이며
가장자리에 예리한 톱니가 있다.
꽃 / 길이 10~15cm의 취산 화서(산방 화서)에 꽃이 20개 이상 달림.
연한 황색
열매 / 핵과. 구형으로 지름이 5~8mm. 갈색 털이 촘촘하고
9~10월에 익음.
번식 / 종자
용도 / 기구재, 풍치수, 밀원 식물

노란색

왼쪽아래부터 피나무의 열매 / 염주나무

* **염주나무**(*T. megaphylla*) ☞『❹권 도시나무-여름·가을』200쪽 : 잎, 줄기 등에 털이 촘촘히 나며 잎의 변이가 크고 열매에는 뚜렷한 5개의 능선이 있다.
* **찰피나무**(*T. mandshurica*) : 잎, 줄기 등에 털이 있고 열매에 능선이 뚜렷하지 않다.

용어 해설 / 찾아보기 / 학명 찾아보기

●용어 해설

각두(殼斗) 모자처럼 도토리를 싸고 있는 딱딱한 부분
감과(柑果) 속껍질로 여러 개의 작은 방으로 나뉜 열매
견과(堅果, 도토리) 껍질이 보통 목질이며 종자가 1개 들어 있는 것
골돌(蓇葖) 각 방이 봉합선에 따라 벌어져 그 안에 종자가 들어 있는 열매
과수(果穗) 낱개의 열매가 모여 늘어져 달리는 열매 형태로 대개는
  꼬리 화서가 열매로 성숙한 경우에 해당한다.
구과(毬果) 솔방울처럼 목질 또는 막질 조각 사이에 2개 이상 들어 있는
  딱딱한 열매
기공조선(氣孔條線) 잎이 숨쉬는 부분으로 보통 잎 뒤에 흰 선으로 나타난다.
기부(基部) 뿌리와 만나는 줄기의 아래 부분
꼬리〔유이〕화서(葇荑花序) 화축이 연하여 늘어지며 단성화로 이루어진 꽃차례
낭과(囊果) 베개처럼 부풀어 오른 열매
단성화(單性花) 암술과 수술 중 하나가 없거나 거의 퇴화된 꽃
두상 화서(頭狀花序) 머리 모양으로 모여 달리는 꽃차례
막질(膜質) 질감이 막처럼 얇은 것
무성화(無性花) 암·수술이 모두 없거나 퇴화된 꽃
복산형 화서(複傘形花序) 산형상으로 발달한 꽃자루에 다시 산형상으로
  작은 꽃자루가 달리는 산형 화서의 복합형
봉합선(縫合線) 열매의 한 부분으로 익으면 저절로 벌어지는 부분
삭과(蒴果) 익으면 2개 이상의 봉합선을 따라 벌어지는 열매
산방상 원추 화서(散枋狀 圓錐花序) 원추 화서들이 다시 산방상으로 달리는
  복합 화서의 종류
산방 화서(撒房花序) 작은 꽃자루가 가지에 달리는 위치에 따라 길이가
  다르지만 꽃이 달리는 부분이 일정한 면을 이루도록 발달한 꽃차례
산형 화서(傘形花序) 화축은 짧으나 비슷한 길이의 꽃자루가 우산 모양으로
  달리는 꽃차례
삼출엽(三出葉) 3개의 소엽으로 이루어진 잎의 종류. 잎자루가 3갈래로
  2번 갈라져 모두 9개의 소엽이 달리는 것을 2회 3출 복엽이라고 한다.
상과(桑果) 육질 혹은 목질로 된 화피가 붙어 있고, 씨방이 수과 혹은 핵과
  모양으로 되어 있는 열매

석류과(石榴果) 상하로 된 여러 개의 방으로 구성된 열매
선점(線點) 식물체에서 특별한 물질이 분비되는 곳으로 점처럼 보인다.
소엽(小葉) 복엽을 구성하고 있는 낱개의 잎
수과(瘦果) 1개의 방에 1개의 종자가 있으며 작은 깃털 같은 털이 달리는 열매
수관(樹冠) 가지와 잎이 발달하여 형성하는 나무의 상층 부분
수상 화서(穗狀花序) 화축이 발달하지만 꽃자루가 거의 없는 꽃차례
수피(樹皮) 나무의 껍질
시과(翅果) 얇은 막질의 날개가 달려 있는 열매
아린(芽鱗) 눈을 싸고 있는, 비늘처럼 생긴 조각
양성화(兩性花) 암·수술이 모두 있는 꽃
엽초(葉鞘) 단자엽 식물에서 줄기를 감싸고 있는 부분
엽축(葉軸) 우상 복엽에서 소엽이 달리는 중심축 부분
우상 복엽(羽狀複葉) 깃털 모양으로 소엽이 나란히 배열된 잎의 종류.
  소엽의 수가 홀수이면 기수 우상 복엽(奇數羽狀複葉),
  짝수이면 우수 우상 복엽(偶數羽狀複葉)이라고 한다.
원추상 총상 화서(圓錐狀 叢狀花序) 총상 화서들이 다시 모여 원추 모양으로
  달리는 복합 화서의 종류
원추 화서(圓錐花序) 꽃차례 전체가 원추형 것
은화과(隱花果) 주머니처럼 생긴 화탁 안에 많은 수과가 들어 있는 열매
이가화(二家花) 암꽃과 수꽃이 각각 발달하는 나무
이과(梨果) 꽃받침이 발달하여 과육이 된 것[예 - 사과, 배(종단면 포함)]
인엽(鱗葉) 측백나무 잎처럼 비늘 모양으로 납작해져 달리는 잎
일가화(一家花) 암꽃과 수꽃이 한 그루에 있는 나무로 암수한그루라고도 한다.
잡성화(雜性花) 양성화와 단성화가 한 그루에 달린 것
장과(漿果) 육질화 되어 있는 과육 사이에 여러 개의 종자가 들어 있는 것
장미과(薔薇果) 꽃받침이 발달하여 통처럼 되고 그 안에 작은 종자가
  많이 들어 있는 열매
장상 복엽(掌狀複葉) 소엽이 손바닥 모양으로 배열된 잎의 종류
접형 화관(蝶形花冠) 콩과 식물에 나타나는 꽃의 모양으로, 나비를 닮았다 하여
  붙인 이름

지점(脂點) 지방질이 분비되어 점처럼 보이는 부분

초상엽(鞘狀葉) 줄기를 둘러싼 탁엽

총상 화서(叢狀花序) 화축이 길게 자라며 꽃자루도 발달한 꽃차례

총포편(總苞片) 화서가 달리는 가지 부분에 발달하는 잎처럼 생긴
 부분의 한 조각

취산 화서(聚散花序) 줄기 끝에 달리는 꽃 밑에 세 개 이상의 꽃자루가 나와
 끝에 꽃이 달리는 꽃차례

취합과(聚合果, 聚果) 과육이 많은 여러 개의 작은 핵과로 이루어진 열매

탁엽(托葉) 가지 위의 잎자루가 달리는 부분에 작은 잎처럼 보이는 기관

포린(苞鱗) 꽃자루가 가지에 달리는 부분에 발달하는 포의 조각 혹은
 참나무과 각두를 이루는 조각

피목(皮目) 수피에 있는 숨구멍으로 여러 모양으로 발달한다.

핵과(核果) 열매의 중심에 목질화한 속껍질로 싸인 종자가 있으며
 중간 껍질은 육질화한 것

협과(莢果, 꼬투리) 콩 꼬투리처럼 잘록한 마디가 있으며 익으면
 선을 따라 벌어지는 열매

찾아보기

❶산나무 봄 / ❷산나무 여름·가을 / ❸도시나무 봄 / ❹도시나무 여름·가을

ㄱ

가는잎나무 48 ❷
가래나무 58 ❶, 59 ❸
가막살나무 125 ❶
가문비나무 32 ❶, 33 ❸
가새나무 200 ❶
가새뽕 72 ❶
가새잎머루 205 ❷
가시나무 96, 197 ❶
가시오갈피 151 ❷
가이즈카향나무 54 ❸
가죽나무 66, 69 ❹
가중나무 66 ❹
가침박달 82 ❸
각설대나무 198 ❸
각시괴불나무 129 ❸
갈매나무 42 ❷
갈참나무 184 ❶
감나무 52 ❷, 210 ❹
감탕나무 118 ❸
개구름나무 103 ❷
개꽃 148 ❶
개나리 222 ❸, 225 ❶
개나무 108 ❷
개뇨등 110 ❷
개느삼 204 ❸
개다래 84 ❷
개동백나무 99 ❷

개두릅나무 46 ❷
개똥나무 108 ❷
개머루 45, 204 ❷
개미머리 84 ❶
개미풀 204 ❸
개박달나무 63 ❶, 76 ❶
개비자 23 ❶
개비자나무 28 ❸
개사시나무 199 ❶
개산초 183 ❷
개살구 134 ❶, 145 ❷
개서어나무 173 ❶
개서향나무 122 ❸
개쉬땅나무 66 ❷
개시닥나무 196 ❷
개암나무 176 ❶
개앵도나무 213 ❶
개앵두나무 213 ❶
개오동 110 ❹
개옻나무 191 ❷, 190 ❹
개잎갈나무 26 ❹
개절초나무 114 ❷
개회나무 103 ❷, 184 ❸
갯노간주 52 ❶
갯버들 160 ❶
거제수나무 61, 162 ❶
검노린재 121 ❷
검오미자 65 ❷
검은구상 29 ❶

검은대 30 ❹
검종덩굴 129 ❷
검팽나무 70 ❶
겨우사리 204 ❶
겨우살이 204 ❶
겨울딸기 95 ❶
겹벚꽃나무 152 ❸
겹해당화 135 ❷
겹황매화 203 ❸
계수나무 140 ❸
계요등 110 ❷
고광나무 90 ❶
고로쇠나무 218 ❶
고리비아리 28 ❷
고부시목련 74 ❸
고욤나무 49 ❷
고채목 60 ❶
고추나무 114 ❷
고치때나무 114 ❶
골담초 206 ❸
곰딸기 133 ❷, 160 ❸
곰솔 39, 44 ❶
곰송 44 ❶
공손수 22 ❸
공정싸리 28 ❷
광나무 115 ❷
광대싸리 28 ❷
괴나무 54 ❹
괴불나무 151 ❶, 128 ❸

215

구기자나무 172 ④
구럭싸리 28 ②
구렁이대덩굴 110 ②
구룬비 176 ②
구린내나무 108 ②
구상나무 27 ①
구실잣밤나무 166 ②
구주피나무 84 ④
국수나무 70 ②
굴거리 136 ④
굴나무 189 ②
굴싸리 28 ②
굴참나무 182, 185 ①
굴태나무 160 ②
굴피나무 160 ②
귀룽나무 98 ①
귀중목 98 ①
귤 61 ④
금감 65 ④
금강소나무 39 ①
금등화 176 ④
금목서 214 ④
금사철 77 ④
금식나무 179 ③
금태사철 77 ④
긴잎회양목 209 ③
까마귀밥나무 212 ①
까마귀쪽나무 176 ②
까자귀나무 114 ①
까치박달 170 ①
까치밥나무 213 ①
꼬리조팝나무 130 ②

꽃개오동 46, 111 ④
꽃개회나무
  107 ②, 184 ③
꽃댕강나무
  128 ①, 177 ④
꽃아그배나무
  141 ①, 157 ③
꽃아까시나무 166 ③
꽃치자 113 ④
꽝꽝나무 70 ④
쐐잎나무 25 ②
팽나무 152 ②

ㄴ

나도박달 221 ①
나도밤나무 200 ②
나래회나무 77 ①
나무딸기 95 ①
나무수국 44 ④
나비국수나무 71 ②
나사백 54 ③
낙상홍 72 ④
낙엽송 34 ①
낙우송 42 ③
난티잎개암나무 177 ①
남오미자 65 ②
남천 38 ④
내장단풍 173 ③
너도밤나무 180 ①
넓은잎산사 103 ①
넓은잎삼나무 47 ②

넓은잎진달래 143 ①
넓은잎황벽 188 ②
네군도단풍 210 ③
노가위나무 35 ②
노가주나무 50 ①
노각나무 90 ②
노간주나무 50 ①
노나무 108 ②
노란해당화 135 ②
노랑꽃나무 35 ②
노랑만병초 98 ②
노랑말채 99, 100 ④
노랑팽나무 70 ①
노린재나무 120 ①
노박덩굴 35 ②
노방구덤불 80 ②
노방덩굴 35 ②
노송나무 52 ③
녹나무 80 ③
논싸리 148 ②
누룬나무 108 ②
누른나무 92, 108 ②
누른종덩굴 129 ②
누리장나무 108 ②
눈갯버들 161 ①
눈잣나무 37 ①
눈주목 25 ③
눈측백 47 ①
눈향나무 54 ③
느릅나무 66 ①
느티나무 192 ③
늦은조록싸리 130 ②

능금 105 ③
능소화 176 ④
능수매 113 ③
능수버들 61, 186 ③
늦죽 32 ④

ㄷ

다래 86, 87 ②
다름나무 76 ②
다릅나무 76 ②
다정큼나무 102 ③
다지나무 78 ②
닥나무 138 ③
단풍나무 199 ②, 170 ③
담쟁이덩굴 198 ④
담팔수 82 ④
당느릅나무 67 ①
당단풍
  219 ①, 197 ②, 173 ③
당마가목 53 ④, 72 ②
당매자나무
  170 ②, 196 ③
당유자 60 ④
대쪽나무 101 ②
대추 194 ④
댕강나무 126 ①, 178 ④
댕강목 88 ①
댕댕이덩굴 60 ②
덜꿩나무 124 ①
덤불딸기 132 ①
덤불조팝나무 69 ②

덩굴딸기 132 ①
덩굴사철나무 78 ④
도토리나무 193 ①
독일가문비 31 ③
돈나무 50 ④
동배나무 104 ①
동백나무 174 ③
동청 204 ①
동청목 74 ④
두릅나무 116 ①
두충 66 ③
둥근미선 127 ③
둥근인가목 139 ②
둥근잎두릅나무 117 ①
둥근향나무 54 ③
들매나무 94 ②
들메나무 79 ①
등 164 ③
등나무 164 ③
등칡 206 ①
딱총나무 80 ①
땅비싸리 148 ②
때죽나무 101 ②
떡갈나무 185, 190 ①
떡버들 159 ①
떡윤노리나무 111 ③
뚝버들 60 ③
뚝향나무 54 ③
뜰보리수 216 ③

ㄹ

라일락 184 ③
리기다소나무
  39, 42 ①

ㅁ

마가목 75 ②, 52 ④
마로니에 80 ④
마삭줄 216 ④
만병초 96 ②
만주고로쇠 219 ①
만첩백도 147 ①
만첩조팝 85 ③
만첩해당화 135 ②
(만첩)홍도 147 ③
만첩홍매실 113 ③
만첩흰매실 113 ③
말발도리 86 ①
말오좀때 53 ②
말오줌나무 81 ①, 53 ②
말오줌때 38 ②
말채나무 119 ①
망개나무 154 ①, 202 ②
매괴화 135 ②
매대나무 114 ①
매발톱나무
  168 ②, 197 ③
매실나무 112 ③
매자나무 170 ②, 197 ③
매화 112 ③

217

매화말발도리 88 ❶
맹산냉강나무 126 ❶
머래순 44 ❷
머루 44 ❷
멀구녕쿨 44 ❷
멀구슬나무 168 ❸
멍구나무 46 ❷
멍덕딸기 95 ❶
멍두딸기 132 ❷
멍딸기 132 ❷
멍석딸기 132 ❷
메밀잣밤나무 167 ❷
메타세콰이어 43, 44 ❸
멥쌀 28 ❷
명감 154 ❶
명자꽃 155 ❸
명자나무 155 ❸
명자순 213 ❶
모감주나무 191 ❹
모개나무 153 ❸
모과나무 153 ❸
모란 122 ❹
목단 122 ❹
목련 74 ❸
목백일홍 150 ❹
목백합 184 ❹
묏대추 195 ❹
무궁화 140 ❹
무른나무 77 ❹
무화과나무 34 ❹
문배 107 ❶
물개암나무 179 ❶

물깨끔나무 118 ❶
물박달나무
  63, 64 ❶, 99 ❷
물방치나무 66 ❷
물뿌리나무 32 ❷
물오리나무 165, 166 ❶
물자작나무 162 ❶
물참대 87 ❶
물푸레나무 78 ❶
미국개오동 46 ❹
미국낙상홍 72 ❹
미국담쟁이덩굴 199 ❹
미국측백 49 ❸
미루나무 134 ❸
미류나무 134 ❸
미선나무 126 ❸
미역순나무 80 ❷
미역줄나무 80 ❷
미영다래나무 114 ❶
민둥인가목 139 ❶

ㅂ

바위말발도리 89 ❶
박달나무 62 ❶, 94 ❷
박쥐나무 92 ❷
박태기나무 162 ❸
반송 39 ❶, 39 ❸
밤나무 162 ❷
배나무 106 ❸
배롱나무 150 ❹
백당나무 116 ❷, 120 ❹

백도 147 ❸
백량금 102 ❹
백리향 171 ❹
백목련 75, 76 ❸
백서향 122 ❸
백송 39 ❶, 37 ❸
백화등 217 ❹
버드나무
  156 ❶, 60, 187 ❸
버들 60 ❸
버들개지 160 ❶
버들회나무 77 ❶
버즘나무 143 ❸
번둥딸기 132 ❷
벌배 111 ❶
범팥배나무 110 ❶
벚나무
  138 ❶, 91, 150 ❸
벽오동 202 ❹
별백합 77 ❸
병꽃나무 226 ❶, 182 ❹
병아리꽃나무 86 ❸
보리똥나무 204 ❹
보리수나무 204 ❹
보리장나무 204 ❹
보얀목 210 ❶
보은대추 195 ❹
복분자딸기
  133 ❶, 160 ❸
복사나무 146 ❸
복숭아나무 146 ❸
복자기 221 ❶

복장나무 223 ❶
볼게나무 40 ❷
볼네나무 204 ❹
부게꽃나무 194 ❷
부용 141, 146 ❹
북한산개나리 224 ❶
분비나무 29 ❶
분홍매 96 ❸
분홍미선 127 ❸
불나무 189 ❷
불두화 118 ❷, 118 ❹
붉가시나무 199, 200 ❶
붉나무 189 ❷, 190 ❹
붉은겨우살이 205 ❶
붉은구상 29 ❶
붉은병꽃나무
  180 ❹, 227 ❶
붉은인가목 135, 138 ❷
붓순나무 78 ❸
비닥나무 25 ❷
비목나무 210 ❶
비자나무 22 ❶, 30 ❸
비파나무 48 ❹
뽕나무 72 ❶, 64 ❸
뿔나무 189 ❷

ㅅ

사과나무 104 ❸
사꾸라나무 90 ❸
사람주나무 22 ❷
사방오리 165, 168 ❶
사비나무 96 ❶
사스래나무 60, 163 ❶
사스레피나무 120 ❸
사워질빵 58 ❷
사철나무 74 ❹
산가막살 125 ❶
산개나리 224 ❶
산겨릅나무
  216 ❶, 196 ❷
산돌배 106 ❶
산딸기 94 ❶
산딸나무 94 ❷, 158 ❹
산목련 62 ❷, 74 ❸
산벚나무 138, 139 ❶
산뽕나무 71 ❶, 65 ❸
산사나무 102 ❶
산수국 124 ❷, 125 ❹
산수유 218 ❸
산앵도나무 152 ❷
산오리 166 ❶
산이스라지 100 ❶
산저릅 216 ❶
산조팝나무 92 ❶
산죽 53 ❶
산참대 221 ❶
산철쭉 149 ❶, 180 ❸
산초나무 180 ❷
산추자나무 58 ❶
살구 135 ❶
살구나무 144 ❸
삼나무 46 ❸
삼색병꽃 227 ❶
삼색싸리 141 ❷
삼지닥나무 214 ❸
상수리나무 185, 193 ❶
상아미선 127 ❸
새머루 45 ❷
새모래덩굴 61 ❷
색병꽃 227 ❶
생강나무 208 ❶
생열귀나무 139 ❷
서나무 172 ❶
서양병꽃
  227 ❶, 182 ❹
서양산딸나무 156 ❹
서양측백 49 ❸
서양풍년화 201 ❸
서어나무 171, 172 ❶
서울단풍 199 ❷
서향 123 ❸
석류 154 ❹
석소리 202 ❶
설널레나무 96 ❶
설탕단풍 72 ❸
섬개회나무 107 ❷
섬고광나무 91 ❶
섬댕강나무 128 ❶
섬매발톱나무 170 ❷
섬매자나무 170 ❷
섬백리향 170 ❹
섬오갈피 151 ❷
섬음나무 50 ❹
섬잣나무 37 ❶, 27 ❹
섬조릿대 54 ❶

섬쥐똥나무 115 ②
섬황벽 188 ②
섬회양목 209 ③
세열단풍 173 ③
세잎종덩굴 129 ②
소나무 38 ①, 41 ③
소동나무 78 ②
소사나무 174 ①
소철 22 ④
소터래나무 76 ②
솔 38 ①
솜대 31 ④
송광납판화 198 ③
송금나무 154 ②
송악 206 ④
쇠동백 78 ②
쇠동백나무 22 ②
쇠물푸레 122 ①
쇠박달나무 94 ②
쇠열나무 114 ①
쇠젓다래 86 ②
쇠코뚜레나무 76 ②
수국 126 ②, 124 ④
수리딸기 95 ①
수수꽃다리
 107 ②, 183 ③
수양버들 61, 187 ③
수원사시 137 ③
수중화 202 ③
순비기나무 164 ④
쉬나무 78 ②
쉬땅나무 66 ②

스모그트리 138 ④
스트로브잣나무
 37 ①, 34 ③
시계나무 103 ②
시닥나무 196 ②
식나무 178 ③
신갈나무 185, 188 ①
신나무 214 ①
신달위 146 ①
신리화 222 ③
신방나무 22 ②
실거리나무 186 ④
실화백 51 ③
싸리 142 ②
싸리나무 142 ②

ㅇ

아가위나무 102 ①
아구사리 22 ②
아구장나무 93 ①
아그배나무
 140 ①, 159 ③
아까시나무
 112 ①, 167 ③
아왜나무 116 ④
아위나무 208 ①
이키시이 112 ①, 167 ③
안개나무 138 ④
애광나무 102 ①
애기고광나무 91 ①
앵도나무 97 ③

앵두나무 97 ③
야광나무 104 ①
약밤나무 163 ②
얇은잎고광나무 91 ①
양다래 89 ②
양담쟁이 199 ④
양버들 135 ③
양버즘나무 142 ③
어사화 222 ③
엄나무 46 ②
여름나무 212 ①
연필향나무 54 ③
염주나무
 209 ②, 191, 200 ④
영춘화 220 ③
예닥나무 25 ②
예덕나무 25 ②
오가피나무 150 ②
오갈피나무 150 ②
오구나무 23 ②
오동 174 ④
오디나무 64 ③
오리나무 164 ①
오미자 64 ②
오배자나무 189 ②
오수유 79 ②
오얏 88 ③
오이순 90 ①
오죽 30 ④
옥매 94 ③
옥향 54 ③
올괴불나무 150 ①

올벚나무 136 ❶
올죽 31 ❹
옻나무 193 ❷, 188 ❹
왕대 32 ❹
왕매발톱나무 170 ❷
왕머루 45 ❷
왕버들 156 ❶
왕벚나무 138 ❶, 90 ❸
왕작살 158 ❷
왕쥐똥나무
 113 ❷, 107 ❹
왕진달래 143 ❶
왕초피 185 ❷
외대으아리 57 ❷
요강나물 129 ❷
용버들 187, 188 ❸
우묵사스레피 121 ❸
우산고로쇠 219 ❶
운향나무 66 ❷
위성류 148 ❹
위종목 22 ❷
유도화 159 ❹
유자나무 59 ❹
육송 38 ❶
윤노리나무 110 ❸
으름 130 ❶
으아리 56 ❷
은단풍 70 ❸
은백양 132 ❸
은버들 132 ❶
은사시나무 136 ❸
은사철 77 ❹

은수원사시 136 ❸
은테사철 77 ❹
은행나무 22 ❸
음나무 46 ❷
이대 55 ❶, 31 ❹
이라리나무 108 ❷
이스라지 101 ❶
이태리포플러 56 ❸
이팝나무 124 ❸
인가목조팝나무 93 ❶
인동덩굴 228 ❶
일본목련 40 ❹
일본잎갈나무 34 ❶
일본젓나무 26 ❶
일본조팝나무 69 ❷
잎갈나무 35 ❶

ㅈ

자귀나무 132 ❹
자금우 104 ❹
자도나무 88 ❸
자두나무 88 ❸
자목련 77 ❸
자작나무 163 ❶, 190 ❸
자주조희풀 129 ❷
작살나무 154 ❷, 163 ❹
잔털벚나무 152 ❸
잣나무
 36 ❶, 36 ❸, 29 ❹
장구밥나무 86 ❹
장미 128 ❹

적송 38 ❶
전나무 24 ❶
전피 180, 184 ❷
젓나무 24 ❶
젓밤나무 148 ❷
정가시나무 197 ❶
정나무 99 ❷
젖꼭지나무 30 ❷
제주조릿대 54 ❶
제주참꽃나무 146 ❶
제피 180, 184 ❷
조각자나무 56 ❹
조록싸리 140 ❷
조릿대 53 ❶
조밥나무 84 ❸
조팝나무 93 ❶, 84 ❸
족나무 101 ❷
족제비싸리 134 ❹
졸가시나무 199 ❶
졸참나무 185, 195 ❶
좀갈매나무 43 ❷
좀고채목 61 ❶
좀깨잎나무 120 ❷
좀꽝꽝나무 71 ❹
좀작살나무
 158 ❷, 161 ❹
좀조팝나무 69 ❷
좁은단풍 199 ❷
좁은잎산사 103 ❶
좁은잎참빗살 34 ❷
종가시나무 199, 202 ❶
종덩굴 127 ❷

221

종비나무 33 ❶
주목 23 ❶, 24 ❸
주엽나무 58 ❹
죽단화 202, 203 ❸
죽조화 202 ❸
줄댕강나무 128 ❶
줄딸기 132 ❶
줄사철나무 78 ❹
중국굴피나무 161 ❷
중국단풍 212 ❸
중국주엽나무 56 ❹
중국풍년화 201 ❸
쥐다래 86 ❷
쥐똥나무 115 ❷, 106 ❹
지구자나무 40 ❷
지렁쿠나무 81 ❶
진달래 142 ❶, 182 ❸
질누나무 96 ❶
쪽동백나무 99 ❷
찔구나무 96 ❶
찔레꽃 96 ❶

ㅊ

차나무 90 ❹
차빛당마가목 75 ❷
찰피나무 209 ❷
참가시나무 199 ❶
참개암나무 178 ❶
참겨릅나무 216 ❶
참고로실나무 218 ❶
참깨금 178 ❶

참꽃나무 142, 146 ❶
참나무 193 ❶
참느릅나무 67 ❶
참대 32 ❹
참두릅 116 ❶
참배 107 ❶
참빗나무 74 ❶, 68 ❸
참빗살나무 32 ❷
참식나무 174 ❷
참싸리 143 ❷
참오동 175 ❹
참으아리 57 ❷
참조팝나무 68 ❷
참죽나무 67, 68 ❹
참중나무 68 ❹
참팥배나무 110 ❶
참회나무 76 ❶
채진목 108 ❸
처진소나무 39 ❶
처진올벚 151 ❸
천선과나무 30 ❷
천엽치자 113 ❹
천지백 49 ❸
철쭉 182 ❸
철쭉꽃 143, 148 ❶
청가시덩굴 155 ❶
청괴불나무 151 ❶
청미래덩굴 154 ❶
청쉬땅나무 67 ❶
청시닥나무 196 ❷
초피나무 184 ❷
추자나무 58 ❸

측백 49 ❸
측백나무 46 ❶
층꽃나무 168 ❹
층꽃풀 168 ❹
층층나무 118 ❶
치자나무 112 ❹
칠엽수 80 ❹
칡 146 ❷

ㅋ

콩배나무 108 ❶
큰꽃으아리 84 ❶
큰꽝꽝나무 70 ❹
큰쥐방울 206 ❶

ㅌ

탐라산수국 126 ❷
탱자나무 114 ❸
털갈매나무 43 ❷
털개회나무 107 ❷
털노박덩굴 37 ❷
털단풍 173 ❸
털댕강나무 128 ❶
털마삭줄 217 ❹
털야광나무 105 ❶
털왕버들 157 ❶
털음나무 48 ❷
털진달래 143 ❶
튤립나무 184 ❹

ㅍ

팔각금반 96 ④
팔손이 96 ④
팥배나무 110 ①
팽나무 69 ①
편백 47 ①, 48 ③
평양밤나무 163 ②
포도 196 ④
푸른구상 29 ①
푸른미선 127 ③
푼지나무 37 ②
풍년화 200 ③
피나무 206 ②
피라칸다 50 ④

ㅎ

할미밀망 59 ②
함박꽃나무 62 ②
함박이 61 ②
함백이꽃 62 ②
해당화 134 ②
해동 50 ④
해송 44 ①
행자목 22 ③
향나무 52 ①, 52 ③
헛개나무 40 ②
현사시 136 ③
협죽도 159 ④
호도나무 58 ③
호두나무 59 ①, 58 ③

호랑가시나무 116 ③
호랑버들 158 ①
호랑이버들 158 ①
호리깨나무 40 ②
혹느릅나무 67 ①
홋잎나무 74 ①, 68 ③
홍가시나무 99 ③
홍괴불나무 151 ①
홍단풍 173 ③
홍만병초 98 ②
홍매 96 ③
홍매실 113 ③
화백 47 ①, 49, 50 ③
화살나무 75 ①, 68 ③
화엄벚나무 136 ①
황경나무 186 ②
황경피나무 186 ②
황금실화백 51 ③
황금편백 49 ③
황매화 202 ③
황벽나무 186 ②
황서향나무 214 ③
황칠나무 94 ④
회나무 77 ①, 54 ④
회똥나무 76 ①
회뚝이나무 76 ①
회목나무 77 ①
회양목 208 ③
회잎나무 74 ①, 69 ③
회화나무 54 ④
후박 40 ④
후박나무 171 ②

후피향나무 88 ④
흑송 44 ①
흑오미자 65 ②
흰등 165 ③
흰말채나무 98 ④
흰매실 113 ③
흰병꽃 227 ①
흰싸리 143 ②
흰인가목 139 ②
흰작살 158 ②
흰작살나무 163 ④
흰진달래 143 ①
흰철쭉 149 ①
흰털귀룽 99 ①
히말라야시다 26 ④
히어리 198 ③

223

학명 찾아보기

❶산나무 봄 / ❷산나무 여름·가을 / ❸도시나무 봄 / ❹도시나무 여름·가을

A

Abelia coreana 128 ❶
Abelia grandiflora 128 ❶, 177 ❹
Abelia insularis 128 ❶
Abelia mosanensis 126 ❶, 178 ❹
Abelia taihyoni 128 ❶
Abeliophyllum distichum 126 ❸
Abeliophyllum distichum for. eburneum 127 ❸
Abeliophyllum distichum for. lilacinum 127 ❸
Abeliophyllum distichum for. viridicalycinum 127 ❸
Abeliophyllum distichum var. rotundicarpum 127 ❸
Abies firma 26 ❶
Abies holophylla 24 ❶
Abies koreana 27 ❶
Abies koreana for. chlorocarpa 29 ❶
Abies koreana for. nigrocarpa 29 ❶
Abies koreana for. rubrocarpa 29 ❶
Abies nephrolepis 29 ❶
Acanthopanax koreanum 151 ❷
Acanthopanax senticosus 151 ❷
Acanthopanax sessiliflorus 150 ❷
Acer barbinerve 196 ❷
Acer barbinerve var. glabrescens 196 ❷
Acer buergerianum 212 ❸
Acer ginnala 214 ❶
Acer mandshuricum 223 ❶
Acer mono 218 ❶
Acer negundo 210 ❸
Acer okamotoana 219 ❶
Acer palmatum 199 ❷, 170 ❸
Acer palmatum cv. sanguineum 173 ❸
Acer palmatum var. dissectum 173 ❸
Acer palmatum var. nakaii 173 ❸
Acer palmatum var. pilosum 173 ❸
Acer pseudo-sieboldianum 197 ❷, 173 ❸
Acer pseudo-sieboldianum var. koreanum 199 ❷
Acer pseudo-sieboldianum var. nudicarpum 199 ❷
Acer saccharinum 70 ❸
Acer saccharum 72 ❸
Acer tegmentosum 216 ❶
Acer triflorum 221 ❶
Acer truncatum 219 ❶
Acer tschonoskii var. rubripes 196 ❷
Acer ukurunduense 194 ❷
Actinidia arguta 86, 87 ❷
Actinidia chinensis 89 ❷
Actinidia kolomikta 86 ❷
Actinidia polygama 84 ❷
Aesculus turbinata 80 ❹
Ailanthus altissima 66, 69 ❹
Akebia quinata 130 ❶
Alangium platanifolium var. macrophyllum 92 ❷
Albizzia julibrissin 132 ❹
Alnus firma 168 ❶
Alnus hirsuta 166 ❶
Alnus japonica 164 ❶
Amelanchier asiatica 108 ❸
Amorpha fruticosa 134 ❹
Ampelopsis brevipedunculata for. citrulloides 205 ❷

Ampelopsis brevipedunculata var.
　heterophylla 45, 204 ②
Aralia elata 116 ①
Aralia elata var. *rotundata* 117 ①
Ardisia crenata 102 ④
Ardisia japonica 104 ④
Aristolochia manshuriensis 206 ①
Aucuba japonica 178 ③
Aucuba japonica for. *variegata* 179 ③

B

Berberis amurensis 168 ②, 197 ③
Berberis amurensis var. *latifolia* 170 ②
Berberis amurensis var. *quelpaertensis*
　170 ②
Berberis koreana 170 ②, 197 ③
Berberis poiretii 170 ②, 196 ③
Berchemia berchemiaefolia 202 ②
Betula chinensis 63 ①
Betula costata 61, 162 ①
Betula davurica 63, 64 ①
Betula ermanii 60, 163 ①
Betula ermanii var. *saitoana* 61 ①
Betula platyphylla var. *japonica*
　163 ①, 190 ③
Betula schmidtii 62 ①
Boehmeria spicata 120 ②
Broussonetia kazinoki 138 ③
Buxus microphylla for. *elongata* 209 ③
Buxus microphylla var. *insularis* 209 ③
Buxus microphylla var. *koreana* 208 ③

C

Caesalpinia japonica 186 ④
Callicarpa dichotoma 157 ②, 161 ④
Callicarpa japonica 155 ②, 163 ④
Callicarpa japonica var.
　leucocarpa 157 ②, 163 ④
Callicarpa japonica var. *luxurians* 157 ②
Camellia japonica 174 ③
Campsis grandiflora 176 ④
Caragana sinica 206 ③
Carpinus cordata 170 ①
Carpinus coreana 174 ①
Carpinus laxiflora 172 ①
Carpinus tschonoskii 173 ①
Carya illinoiensis 59 ③
Caryopteris incana 168 ④
Castanea bungeana 163 ②
Castanea crenata 162 ②
Castanopsis cuspidata var.
　sieboldii 166 ②
Castanopsis cuspidata var.
　thunbergii 167 ②
Catalpa bignonioides 46 ④
Catalpa ovata 110 ④
Cedrela sinensis 67, 68 ④
Cedrus deodara 26 ④
Celastrus flagellaris 37 ②
Celastrus orbiculatus 35 ②
Celastrus stephanotifolius 37 ②
Celtis choseniana 70 ①
Celtis edulis 70 ①
Celtis sinensis 69 ①
Cephalotaxus koreana 23 ①, 28 ③
Cercidiphyllum japonicum 140 ③
Cercis chinensis 162 ③
Chaenomeles lagenaria 155 ③
Chaenomeles sinensis 153 ③
Chamaecyparis cv. Nana Aurea 49 ③
Chamaecyparis obtusa 47 ①, 48 ③
Chamaecyparis pisifera 47 ①, 49, 50 ③
Chamaecyparis pisifera cv. Filifera 51 ③
Chionanthus retusa 124 ③

Cinnamomum camphora 80 ③

Citrus junos 59 ④

Citrus tenuissima 60 ④

Citrus unshiu 61 ④

Clematis apiifolia 58 ②

Clematis brachyura 57 ②

Clematis chiisanensis 129 ②

Clematis fusca 129 ②

Clematis fusca var. coreana 129 ②

Clematis fusca var. violacea 127 ②

Clematis heracleifolia var. davidiana 129 ②

Clematis koreana 129 ②

Clematis mandshurica 56 ②

Clematis patens 84 ①

Clematis terniflora 57 ②

Clematis trichotoma 59 ②

Clerodendron trichotomum 108 ②

Cocculus trilobus 60 ②

Cornus alba 98, 100 ④

Cornus controversa 118 ①

Cornus florida 156 ④

Cornus kousa 94 ②, 158 ④

Cornus officinalis 218 ③

Cornus walteri 119 ①

Corylopsis coreana 198 ③

Corylus heterophylla 177 ①

Corylus heterophylla var. thunbergii 176 ①

Corylus sieboldiana 178 ①

Corylus sieboldiana var. mandshurica 179 ①

Cotinus coggygria 138 ④

Crataegus pinnatifida 102 ①

Crataegus pinnatifida var. major 103 ①

Crataegus pinnatifida var. pislosa 103 ①

Cryptomeria japonica 46 ③

Cunninghamia lanceolata 47 ③

Cycas revoluta 22 ④

D

Daphne kiusiana 122 ③

Daphne odora 123 ③

Daphniphyllum macropodum 136 ④

Dendropanax morbifera 94 ④

Deutzia coreana 88 ①

Deutzia glabrata 87 ①

Deutzia parviflora 86 ①

Deutzia prunifolia 89 ①

Diospyros kaki 52 ②, 210 ④

Diospyros lotus 49 ②

E

Echinosophora koreensis 204 ③

Edgeworthia papyrifera 214 ③

Elaeagnus multiflora 216 ③

Elaeagnus umbellata 204 ④

Elaeocarpus sylvestris var. ellipticus 82 ④

Eriobotrya japonica 48 ④

Eucommia ulmoides 66 ③

Euonymus alatus 75 ①, 68 ③

Euonymus alatus for. ciliato-dentatus 74 ①, 69 ③

Euonymus fortunei var. radicans 78 ④

Euonymus japonica 74 ④

Euonymus japonica for. albo-marginatus 77 ④

Euonymus japonica for. albo-variegata 77 ④

Euonymus japonica for. aureo-marginatus 77 ④

Euonymus japonica for. aureo-variegata 77 ④

Euonymus japonica var. macrophylla 77 ④

Euonymus maackii 34 ②

Euonymus macroptera 77 ①

Euonymus oxyphyllus 76 ①

Euonymus pauciflorus 77 ①
Euonymus sachalinensis 77 ①
Euonymus sieboldiana 32 ②
Euonymus trapococcus 77 ①
Eurya emarginata 121 ③
Eurya japonica 120 ③
Euscaphis japonica 38 ②
Evodia daniellii 78 ②
Evodia officinalis 79 ②
Exochorda serratifolia 82 ③

F

Fagus crenata var. multinervis 180 ①
Fatsia japonica 96 ④
Ficus carica 34 ④
Ficus erecta 30 ②
Firmiana simplex 202 ④
Forsythia koreana 225 ①, 222 ③
Forsythia saxatilis 224 ①
Fortunella japonica var. margarita 65 ④
Fraxinus mandshurica 79 ①
Fraxinus rhynchophylla 78 ①
Fraxinus sieboldiana 122 ①

G

Gardenia jasminoides for. grandiflora 112 ④
Gardenia jasminoides var. radicans 113 ④
Ginkgo biloba 22 ③
Gleditsia japonica var. koraiensis 58 ④
Gleditsia sinensis 56 ④
Grewia biloba var. parviflora 86 ④

H

Hamamelis chinensis 201 ③
Hamamelis japonica 200 ③
Hamamelis virginiana 201 ③
Hedera rhombea 206 ④

Hibiscus mutabilis 141, 146 ④
Hibiscus syriacus 140 ④
Hovenia dulcis 40 ②
Hydrangea macrophylla for. otaksa 126 ②, 124 ④
Hydrangea paniculata 44 ④
Hydrangea serrata for. acuminata 124 ②, 125 ④
Hydrangea serrata for. fertilis 126 ②

I

Ilex cornuta 116 ③
Ilex crenata 70 ④
Ilex crenata var. microphylla 71 ④
Ilex integra 118 ③
Ilex serrata 72 ④
Illicium reliogiosum 78 ③
Indigofera kirilowii 148 ②

J

Jasmium nudiflorum 220 ③
Juglans mandshurica 58 ①, 59 ③
Juglans sinensis 59 ①, 58 ③
Juniperus chinensis 52 ①, 52 ③
Juniperus chinensis var. globosa 54 ③
Juniperus chinensis var. horizontalis 54 ③
Juniperus chinensis var. kaizuka 54 ③
Juniperus chinensis var. sargentii 54 ③
Juniperus conferta 52 ①
Juniperus rigida 50 ①
Juniperus virginiana 54 ③

K

Kadsura japonica 65 ②
Kalopanax pictus 46 ②
Kalopanax pictus var. magnificus 48 ②
Kalopanax pictus var.

maximowiczii 48 ②
Kerria japonica 202 ③
Kerria japonica for. plena 203 ③
Koelreuteria paniculata 191 ④

L

Lagerstroemia indica 158 ④
Larix gmelini var.
  principis-ruprechtii 35 ①
Larix leptolepis 34 ①
Lespedeza bicolor 142 ②
Lespedeza cyrtobotrya 143 ②
Lespedeza maximowiczii 140 ②
Lespedeza maximowiczii for. alba 143 ②
Lespedeza maximowiczii var.
  tricolor 141 ②
Ligustrum foliosum 115 ②
Ligustrum japonicum 115 ②
Ligustrum obtusifolium 115 ②, 106 ④
Ligustrum ovalifolium 113 ②, 107 ④
Lindera erythrocarpa 210 ①
Lindera obtusiloba 208 ①
Liriodendron tulipifera 184 ④
Litsea japonica 176 ②
Lonicera chrysantha 129 ③
Lonicera japonica 228 ①
Lonicera maackii 151 ①, 128 ③
Lonicera praeflorens 150 ①
Lonicera sachalinensis 151 ①
Lonicera subsessilis 151 ①
Lycium chinense 172 ④

M

Maackia amurensis 76 ②
Machilus thunbergii 171 ②
Magnolia denudata 75, 76 ③
Magnolia kobus 74 ③
Magnolia liliflora 77 ③
Magnolia obovata 48 ④
Magnolia sieboldii 62 ②
Magnolia stellata 77 ③
Mallotus japonicus 25 ②
Malus asiatica 105 ③
Malus baccata 104 ①
Malus baccata var. mandshurica 105 ①
Malus floribunda 141 ①, 157 ③
Malus pumila var. dulcissima 104 ③
Malus sieboldii 140 ①, 159 ③
Melia azedarach var. japonica 168 ③
Meliosma myriantha 200 ②
Menispermum dauricum 61 ②
Metasequoia glyptostroboides 43, 44 ③
Morus alba 72 ①, 64 ③
Morus bombycis 71 ①, 65 ③
Morus bombycis for. kase 72 ①

N

Nandina domestica 38 ④
Neolitsea sericea 174 ②
Nerium indicum 159 ④

O

Osmanthus fragrans var. aurantiacus 214 ④

P

Paederia scandens 110 ②
Paeonia suffruticosa 122 ④
Parthenocissus quinquefolia 199 ④
Parthenocissus tricuspidata 198 ④
Paulownia coreana 174 ④
Paulownia tomentosa 175 ④
Phellodendron amurense 186 ②
Phellodendron insulare 188 ②
Phellodendron sachalinense 188 ②

Philadelphus pekinensis 91 ①
Philadelphus scaber 91 ①
Philadelphus schrenckii 90 ①
Philadelphus tenuifolius 91 ①
Photinia glabra 99 ③
Phyllostachys bambusoides 32 ④
Phyllostachys nigra 30 ④
Phyllostachys nigra var. *henonis* 31 ④
Picea abies 31 ③
Picea jezoensis 32 ①, 33 ③
Picea koraiensis 33 ①
Pinus bungeana 39 ①, 37 ③
Pinus densiflora 38 ①, 41 ③
Pinus densiflora for. *erecta* 39 ①
Pinus densiflora for. *multicaulis* 39 ①, 39 ③
Pinus densiflora for. *pendula* 39 ①
Pinus koraiensis 36 ①, 36 ③, 29 ④
Pinus parviflora 37 ①, 27 ④
Pinus pumila 37 ①
Pinus rigida 42 ①
Pinus strobus 37 ①, 34 ③
Pinus thunbergii 44 ①
Pittosporum tobira 42 ④
Platanus occidentalis 142 ③
Platanus orientalis 143 ③
Platycarya stenoptera 161 ②
Platycarya strobilacea 160 ②
Poncirus trifoliata 114 ③
Populus alba 132 ③
Populus deltoides 134 ③
Populus euramericana 56 ③
Populus glandulosa 137 ③
Populus nigra var. *italica* 135 ③
Populus tomentiglandulosa 136 ③
Pourthiaea villosa 110 ③
Pourthiaea villosa var. *brunnea* 111 ③

Prunus americana var. *ansu* 135 ①, 144 ③
Prunus donarium 152 ③
Prunus glandulosa cv. 96 ③
Prunus glandulosa for. *albiplena* 94 ③
Prunus glandulosa var. *sinensis* 96 ③
Prunus ishidoyana 100 ①
Prunus japonica var. *nakaii* 101 ①
Prunus leveilleana var. *pendula* 152 ③
Prunus mandshurica 145 ③
Prunus mandshurica var. *glabra* 134 ①
Prunus mume 112 ③
Prunus mume for. *alba* 113 ③
Prunus mume for. *albaplena* 113 ③
Prunus mume for. *alphandii* 113 ③
Prunus mume for. *pendula* 113 ③
Prunus padus 98 ①
Prunus padus var. *pubescens* 99 ①
Prunus pendula for. *ascendens* 136 ①
Prunus persica 146 ③
Prunus persica for. *alba* 147 ③
Prunus persica for. *alboplena* 147 ③
Prunus persica for. *rubroplena* 147 ③
Prunus salicina 88 ③
Prunus sargentii 139 ①
Prunus serrulata var. *pubescens* 152 ③
Prunus serrulata var. *spontanea* 138 ①, 91, 150 ③
Prunus tomentosa 97 ③
Prunus yedoensis 90 ③, 138 ①
Pseudosasa japonica 31 ④, 55 ①
Pueraria thunbergiana 146 ②
Punica granatum 154 ④
Pyracantha angustifolia 50 ④
Pyrus calleryana var. *fauriei* 108 ①
Pyrus pyrifolia 106 ③
Pyrus ussuriensis 106 ①

Pyrus ussuriensis var. *macrostipes* 107 ❶
Pyrus ussuriensis var. *seoulensis* 107 ❶

Q

Quercus acuta 200 ❶
Quercus acutissima 193 ❶
Quercus aliena 184 ❶
Quercus dentata 190 ❶
Quercus gilva 199 ❶
Quercus glauca 202 ❶
Quercus mongolica 188 ❶
Quercus myrsinaefalia 197 ❶
Quercus phillyraeoides 199 ❶
Quercus serrata 195 ❶
Quercus stenophylla 199 ❶
Quercus variabilis 182 ❶

R

Rhamnus davurica 42 ❷
Rhamnus koraiensis 43 ❷
Rhamnus taquetii 43 ❷
Raphiolepis umbellata 102 ❸
Rhododendron aureum 98 ❷
Rhododendron brachycarpum 96 ❷
Rhododendron brachycarpum var. *roseum* 98 ❷
Rhododendron mucronulatum 142 ❶, 182 ❸
Rhododendron mucronulatum for. *albiflorum* 143 ❶
Rhododendron mucronulatum var. *ciliatum* 143 ❶
Rhododendron mucronulatum var. *latifolium* 143 ❶
Rhododendron schlippenbachii 143, 148 ❶, 182 ❸
Rhododendron schlippenbachii for. *albiflorum* 149 ❶
Rhododendron weyrichii 146 ❶
Rhododendron yedoense var. *poukhanense* 149 ❶, 180 ❸
Rhodotypos scandens 86 ❸
Rhus chinensis 189 ❷, 190 ❹
Rhus trichocarpa 191 ❷, 190 ❹
Rhus verniciflua 193 ❷, 188 ❹
Ribes fasciculatum var. *chinense* 212 ❶
Ribes mandshuricum 213 ❶
Ribes mandshuricum var. *subglabrum* 213 ❶
Ribes maximowiczianum 213 ❶
Robinia hispida 166 ❸
Robinia pseudoacacia 112 ❶, 167 ❸
Rosa acicularis 139 ❷
Rosa davurica 139 ❷
Rosa hybrida 128 ❹
Rosa koreana 139 ❷
Rosa marretii 138 ❷
Rosa multiflora 96 ❶
Rosa multiflora var. *platyphylla* 129 ❹
Rosa rugosa 134 ❷
Rosa rugosa for. *plena* 135 ❷
Rosa spinosissima var. *pimpinellifolia* 139 ❷
Rosa xanthina 135 ❷
Rubus buergeri 95 ❶
Rubus corchorifolius 95 ❶
Rubus coreanus 133 ❶, 160 ❸
Rubus crataegifolius 94 ❶
Rubus idaeus var. *concolor* 95 ❶
Rubus idaeus var. *microphyllus* 95 ❶
Rubus oldhamii 132 ❶
Rubus parvifolius 132 ❷
Rubus phoenicolasius 133 ❷

S

Salix babylonica 61, 187 ❸
Salix glandulosa 156 ❶

Salix glandulosa var. *pilosa* 157 ①
Salix graciliglans 161 ①
Salix gracilistyla 160 ①
Salix hallaisanensis 159 ①
Salix hulteni 158 ①
Salix koreensis 60, 187 ③
Salix matsudana for. *tortuosa* 187, 188 ③
Salix pseudo-lasiogyne 61, 186 ③
Sambucus sieboldiana var. *miquelii* 81 ①
Sambucus sieboldiana var. *pendula* 81 ①, 53 ②
Sambucus williamsii var. *coreana* 80 ①
Sapium japonicum 22 ②
Sapium sebiferum 23 ②
Sasa borealis 53 ①
Sasa kurilensis 54 ①
Sasa quelpaertensis 54 ①
Schizandra chinensis 64 ②
Schizandra nigra 65 ②
Securinega suffruticosa 28 ②
Smilax china 154 ①
Smilax sieboldii 155 ①
Sophora japonica 54 ④
Sorbaria sorbifolia for. *incerta* 67 ②
Sorbaria sorbifolia var. *stellipila* 66 ②
Sorbus alnifolia 110 ①
Sorbus alnifolia var. *lobulata* 111 ①
Sorbus amurensis 72 ②, 53 ④
Sorbus amurensis var. *rufa* 75 ②
Sorbus commixta 75 ②, 52 ④
Spiraea blumei 92 ①
Spiraea chamaedryfolia var. *ulmifolia* 93 ①
Spiraea fritschiana 68 ②
Spiraea japonica 69 ②
Spiraea microgyna 69 ②
Spiraea miyabei 69 ②
Spiraea prunifolia 85 ③

Spiraea prunifolia var. *simpliciflora* 93 ①, 84 ③
Spiraea pubescens 93 ①
Spiraea salicifolia 130 ②
Staphylea bumalda 114 ①
Stephanandra incisa 70 ②
Stephanandra incisa var. *quadrifissa* 71 ②
Stephania japonica 61 ②
Stewartia koreana 90 ②
Styrax japonica 101 ②
Styrax obassia 99 ②
Symplocos chinensis for. *pilosa* 120 ①
Symplocos paniculata 121 ①
Syringa dilatata 107 ②, 183 ③
Syringa reticulata var. *mandshurica* 103 ②, 184 ③
Syringa velutina 107 ②
Syringa velutina var. *venosa* 107 ②
Syringa vulgaris 184 ③
Syringa wolfi 107 ②, 184 ③

T

Tamarix chinensis 148 ④
Taxodium distichum 42 ③
Taxus cuspidata 23 ①, 24 ③
Taxus cuspidata var. *nana* 25 ③
Ternstroemia japonica 88 ④
Thea sinensis 90 ④
Thuja koraiensis 47 ①
Thuja occidentalis 49 ③
Thuja orientalis 46 ①, 49 ③
Thuja orientalis for. *sieboldii* 49 ③
Thymus quinquecostatus 171 ④
Thymus quinquecostatus var. *japonica* 170 ④
Tilia amurensis 206 ②
Tilia mandshurica 207 ②

Tilia kiusiana 84 ④
Torreya nucifera 22 ①, 30 ③
Trachelospermum asiaticum var. *intermedium* 216 ④
Trachelospermum asiaticum var. *majus* 217 ④
Trachelospermum jasminoides var. *pubescens* 217 ④
Tripterygium regelii 80 ②

U
Ulmus davidiana 67 ①
Ulmus davidiana for. *suberosa* 67 ①
Ulmus davidiana var. *japonica* 66 ①
Ulmus parvifolia 67 ①

V
Vaccinium koreanum 152 ②
Viburnum awabuki 116 ④
Viburnum dilatatum 125 ①
Viburnum erosum 124 ①
Viburnum sargentii 116 ②, 120 ④
Viburnum sargentii for. *sterile* 118 ②, ④
Viburnum wrightii 125 ①
Viscum album for. *rubroaurantiacum* 205 ①
Viscum album var. *coloratum* 204 ①
Vitex rotundifolia 164 ④
Vitis amurensis 45 ②
Vitis coignetiae 44 ②
Vitis flexuosa 45 ②
Vitis vinifera 196 ④

W
Weigela florida 227 ①, 180 ④
Weigela florida cv. nana variegata 227 ①, 182 ④
Weigela florida for. *alba* 227 ①
Weigela florida for. *candida* 227 ①
Weigela florida for. *subtricolor* 227 ①
Weigela subsessilis 226 ①, 182 ④
Wistaria floribunda 164 ③
Wistaria floribunda for. *alba* 165 ③

Z
Zanthoxylum coreanum 185 ②
Zanthoxylum piperitum 184 ②
Zanthoxylum planispinum 183 ②
Zanthoxylum schinifolium 180 ②
Zelkova serrata 192 ③
Zizypus jujuba 195 ④
Zizypus jujuba var. *hoonensis* 195 ④
Zizypus jujuba var. *inermis* 194 ④